KB275785

길냥이로 사회학 하기

길냥이로 사회학하기

혹은 나는 어떻게 고양이를 사랑하도록 배웠는가

권무순 지음

오월의봄

이 책을 삼식이에게 바친다.

오래된 '인간중심적' 배신감을 내려놓기

김철규, 고려대 사회학과 교수

이 책은 많은 사람에게 사랑받는 고양이에 관한 이야기다. 고양이는 인간과 가깝게 지내면서도 거리를 두는 독특한 존재다. 개와 비교하면, 고양이의 특수성은 더 두드러진다. 개는 주인의 기분을 살피는데, 고양이는 자신을 주인으로 여긴다고 사람들은 농담처럼 말한다. 고양이도 인간과 공진화했지만, 그 방식은 개와는 완전히 달랐다. 인간이 개를 길들였다면, 고양이는 인간을 활용했다고 할 수 있다. 한 연구소는 한국에 약 200만 마리의 고양이가 살고 있는 것으로 추정했다. 이 가운데 등록된 고양이 비율은 약 2% 정도라고 한다. 개체수의 약 98%가 등록된 것으로 알려진 개와는 매우 다른 상황이다. 등록되지 않은 고양이의 상당수는 길냥이로 추정된다.

《길냥이로 사회학 하기》는 고양이를 소재로 과학 이야기를 매우 재밌게 풀어낸 학술 에세이다. 무엇보다 높은 가독성이 책의 가장 큰 장점이다. 반려동물에 관심이 있는 사람들에게, 그리고 고양이가 가진 신비로움에 매력을 느끼는 독자들에게 길냥이가 어떻게 인간과 관계 맺으며 살아가는지를 잘 보여준다. 특히 인간이 길고양이 개체수를 줄이기 위해 중성화TNR 기술을 도입하는 과정을 섬세한 서술을 통해 드러낸다. 그 생생함은 고양이마을(가명)에서 진행된 참여관찰을 통해 정점에 달한다. 책은 과학-서울시-고양이-주민-활동가 등이 연결된 하나의 네트워크로서 TNR에 대한 심층적 이해를 제공한다. 그런 의미에서 이 책은 단순히 고양이에 관한 이야기가 아니라 과학 이야기이며 동시에 비인간을 포함한 우리 사회에 관한 이야기이다.

이 책의 장점은 크게 세 가지다. 첫째, 인류와 가장 오랫동안 밀접한 관계를 맺어온 고양이의 존재 양식을 깊이 있게 분석한다. 이를 통해 우리가 모든 종을 인간의 시각에서 바라보고, 생각하고, 위치 짓는 방식에 대해 되돌아보게 한다. 특히 "고양이는 모든 정치가 인간에 의한 인간의 정치라는 교리를 깨뜨리러 이 세상에 왔다"는 문장은 많은 현대인이 흔히 공유하는 인간 중심주의를 통렬하게 비판한다.

둘째, 과학 이야기를 흥미롭고 친근하게 전달해준다. 이 책의 기반은 저자의 석사학위 논문이다. 대학 연구 공동체에서 생산되는 학위 논문은 대체로 무겁고 딱딱하며, 일반 독자들이 접근하기 쉽지 않다. 특히 과학이 소재가 되었을 때는 더욱 그러하다. 《길냥이로 사회학 하기》는 이야기꾼 권무순의 역량을 맘껏

과시하는 역작이다. 과학철학 및 과학사회학, 행위자-연결망 이론ANT, TNR 등 꽤나 심각하고 무거운 주제를 길냥이를 통해 너무도 재미있게 풀어낸다. 물론 그 바탕에는 저자의 다양한 삶의 경험, 인문학적 훈련, 학문적 개방성, 그리고 생명에 대한 따뜻한 시선 등이 어우러져 있다.

셋째, 저자가 직접 찍은 많은 길냥이 사진들은 중요한 시각적 정보를 전달하는 매체 역할을 한다. 사진들은 고양이 개체뿐 아니라 길냥이가 관계 맺는 다양한 물질 환경을 함께 보여준다. 사진에 함께 담긴 연립주택 계단, 충주시 가스통, 주차된 오토바이, 문래동 골목길, 제기동 철거 현장, 남산야외식물원, 청사포마을 등은 개별 길냥이의 맥락을 생생하게 전달한다. 풍성한 사진과 그에 대한 설명은 보는 사람에게 흐뭇함과 따스함을 전하며, 때로는 애잔함을 불러일으킨다. 곳곳에서 저마다의 표정으로 삶을 살아가는 길냥이들의 다양한 모습과 사연을 담아냈다는 점이 이 책의 큰 매력 중 하나다.

아마 누구에게나 고양이와 관련된 추억이 한두 개씩은 있을 것이다. 나도 고등학교 때 지하실 보일러 청소를 하다 발견했던 새끼 고양이를 기억한다. (그 당시 용어로) 도둑고양이가 지하실에 새끼들을 낳았고, 그중 한 마리만 살아 있었다. 어미 고양이는 나갔다 사고를 당했는지 끝내 돌아오지 않았다. 온 식구가 눈도 뜨지 못한 새끼 고양이에게 주사기로 우유를 먹이며 애지중지 키웠다. 자라면서 사람을 무척 따라 애교를 떨던 모습이 아직도 생생하다. 그런데 어느 날 문자 그대로 소리도 없이 사라져

버렸다. 가족들 모두 걱정하고 기다리며, 또 배신감을 느꼈다. 이 책을 읽고 그 오래 묵은 '인간중심적' 배신감을 마침내 내려놓을 수 있었다. 첫 번째 독자라고 할 수 있는 나의 가장 큰 수확이다. 대한민국의 많은 집사와 엄빠들이 냥냥이, 댕댕이들과 함께 이 책을 읽고 보기를 적극 추천한다.

나는 어떻게
고양이를 사랑하도록
배웠는가

이 책은 나의 석사학위논문 〈길고양이 개체수 관리 프로그램(TNR) 연결망에 관한 사회학적 분석〉을 완전히 새롭게 재구성한 글이다. 새롭게 글을 쓰면서, 나는 이 책이 단순한 학술서가 아니라 개인적인 에세이이자 길고양이 사진첩, 그리고 2년간의 석사과정을 정리하는 기록집이 되기를 바랐다. 이 선택이 옳은 길이었다고 믿지만, 한편으로는 글을 지리멸렬하게 만든 것은 아닌지 우려도 된다. 부디 독자 여러분의 너그러운 양해를 구한다.

스탠리 큐브릭 감독의 유명한 냉전 영화 〈닥터 스트레인지러브〉의 원제는 〈닥터 스트레인지러브 혹은: 나는 어떻게 걱정을 떨치고 그 폭탄을 사랑하도록 배웠는가Dr. Strangelove or: How I Learned to Stop Worrying and Love the Bomb〉이다. 이미 눈치챘겠지만, 이 책의 부제('나는 어떻게 고양이를 사랑하도록 배웠는가')는 이 영화에서 빌려온 것이다. 영화에 나오는 폭탄은 물론 수소폭탄을 말한다. 어떤 독자는 어떻게 핵무기와 고양이를 비교할 수 있냐고 화를 낼 것이다. 물론 나도 거기에 동의하지만, 잠시 화를 가라앉히면 이 비유가 의외로 유용하다는 사실도 깨달을 것이다.

먼저, 중요한 공통점이 있다. 핵무기도 길고양이도 우리에게 우려를 자아내는 대상이라는 점이다. 물론 영화에서 잘 표현되듯, 핵무기는 결국 인류와 문명을 절멸시킬지도 모른다. 하지만 길고양이 역시 어떤 생명체에게는 자기 종을 멸절시킬 위협일 수도 있다. 또 다른 공통점은, 누군가는 (영화에서도, 현실에서도) 결국 걱정을 떨치고 핵무기를 사랑하게 되었듯이, 우리 역시 걱정을 떨치고 고양이를 사랑하도록 배울 수 있다는 점이다. 하지만 여기에는 결정적인 차이가 있다. 핵무기에 대한 사랑은 절멸의 서곡이 될 수 있지만, 고양이에 대한 사랑은 절멸이 아닌 다종적 얽힘과 번성을 향한 서곡이 될 수 있다는 점이다. 내가 사랑하는 1960~1970년대 히피 뮤지션들이 그랬듯, 나는 결국 전쟁이 아닌 자유와 평화, 그리고 사랑을 외치고 싶다.

이 책은 너무 많은 사람에게 빚지고 있다. 부족하지만, 이 자리를 빌려 감사를 표하고 싶다. 먼저, 이 연구가 나올 수 있도록 많은 가르침을 주신 김철규, 김규태, 김지연 세 분 교수님께 감사의 말씀을 드리고 싶다. 특히 부족한 제자를 위해 추천사를 써주신 김철규 교수님께 다시 한번 감사드린다. 교수님의 포용과 아량이 아니었다면, 나는 여전히 길을 찾지 못하고 헤매고 있

 길냥이로 사회학 하기

었을 것이다. 김규태 교수님께서는 바쁘신 와중에도 매번 불쑥 찾아오는 제자를 위해 항상 귀중한 시간을 내주셨다. 김지연 교수님께서는 연구뿐만 아니라 학업 전반에 걸쳐 항상 많은 도움을 주셨다. 교수님의 도움으로 고려대학교 과학기술학연구소와 인연을 맺었고, 덕분에 많은 배움을 얻을 수 있었다. 또한, 이 연구는 여러 수업을 통해 발전되었다. 김동광, 심재철, 김세현, 김수동 교수님께도 감사의 말씀을 드린다. 물론 이 책에 관한 모든 책임은 나에게 있다.

한양대학교 사학과 동문들은 각자의 생업으로 바쁜 와중에도 결코 도움을 외면하지 않았다. 하재영 선배는 학교 선배이자 선배 연구자로서 늘 아낌없는 조언을 해주었다. 오다혜 양과 이수종 군은 전문 연구자는 아니지만, 내가 가장 믿고 의지하는 학술적 동료이기도 하다. 이 자리를 빌려 다시 한번 감사드린다. 이재성, 김선우, 김덕환, 주민우 군은 바쁜 생업으로 늘 시간이 부족함에도, 언제나 귀중한 조언을 아끼지 않았다. 그들 덕분에, 조금이라도 더 나은 글을 내놓을 수 있었다.

늘 귀감이 되는 학술 동료들에게도 감사 인사를 빼놓을 수 없다. 글을 읽고 비평해준 고려대학교 과학기술학협동과정 정혜림, 손재원, 민경인 선생님, 지리학과 김예빈 선생님, 경희대학교 차민경 선생님께도 감사 인사를 드린다. 선생님들과의 귀중한 토론 덕분에 한층 더 성숙한 연구자가 될 수 있었다.

이 글에는 여러 활동가가 등장한다. 활동가들은 바쁜 와중에도 매번 귀중한 시간을 내주었고, 언제나 진심으로 연구자를 맞이했다. 비록 익명으로 가려졌지만, 이들 없이는 연구가 이뤄질 수 없었음을 다시 한번 강조하고 싶다. 활동가들의 도움 없었다면, 이 책은 빛을 볼 수 없었을 것이다.

돌이켜보면, 남승석, 오세현 두 분 감독님 덕분에 공부하고 글을 쓸 용기를 얻었다. 특히 남승석 감독님께서는 학업을 시작하고 이어갈 수 있도록 조언과 격려를 아끼지 않으셨다. 유치원 동창이자 학교 선배, 이제는 선배 연구자가 된 하지영 양은 언제나 나를 응원해줬다. 무릇 좋은 연구를 내놓는다는 것이 공부만으로 이뤄지지는 않을 것이다. 쓸데없는 걱정으로 흔들릴 때마다 속 터놓을 친구들이 없었다면 중심을 바로 세울 수 없었을 것이다. 비록 한 명 한 명 이름을 거론하지 못하지만 언제나 고맙다는 말을 전하고 싶다.

출판 경험이 없는 초짜 작가의 글을 맡아 다방면으로 고생하신 박재영 대표님과 출판사 오월의봄에도 감사 인사를 드린다. 출판사의 너그러운 마음 덕분에 이 책이 세상에 나올 수 있었다. 물론 책에 관한 모든 책임은 나에게 있다.

이르지 않은 시기에 다시금 공부를 시작할 수 있었던 것은 모두 애정 어린 가족의 지원 덕분이었다. 모자란 아들을 물심양면으로 지지해주는 아버지, 어머니께 감사의 인사를 드린다. 부족한 오빠 덕분에 매번 고생하는 여동생에게도 고맙다는 말을 전한다.

도움 주신 모든 분께 감사의 인사를 드린다. 미처 감사의 인사를 드리지 못한 분들께는 죄송하다는 말씀을 올린다. 모두 본인의 부덕함 때문이니 부디 양해해주시기를…….

얼마 전 많은 눈이 내렸다. 많은 길냥이들이 부디 따뜻한 겨울을 나길 바란다. 그들 덕분에 연구하는 매 순간이 즐거울 수 있었다. 그들이야말로 이 책의 진정한 주인공이다. 언제나 문 앞에서 나를 기다리던 정릉천 토박이 '삼식이'에게는 특별히 고맙다는 말을 전하고 싶다.

2026년 1월 1일

권무순

차례

추천사 | 오래된 '인간중심적' 배신감을 내려놓기_김철규 • 7

서문 | 나는 어떻게 고양이를 사랑하도록 배웠는가 • 11

프롤로그 | 미로의 입구: 이 미로는 어떻게 탄생했는가? • 19

I 첫 번째 미로: Trap-Neuter-Return(TNR) 39

1. 혐오는 어떻게 성장하는가? • 41
2. TNR, 가볍게 들여다보기 • 48
3. 길고양이: 자연-문화의 경계 존재 • 59

II 두 번째 미로: TNR은 얼마나 과학적인가? 67

1. 첫 번째 매듭: TNR은 불확실한가? • 69
2. 두 번째 매듭: TNR 과학의 연결망 • 74
3. 세 번째 매듭: 과학적 국지전 • 80
4. 네 번째 매듭: 서울시 길고양이 서식현황 모니터링 • 100
5. 매듭은 아직 풀리지 않았지만…… • 132

Ⅲ   세 번째 미로: TNR 연결망   149

1. 첫 번째 연결망: 벽고양이 • 152

2. 두 번째 연결망: 집고양이/길고양이 • 160

3. 세 번째 연결망: TNR 고양이 • 173

Ⅳ   네 번째 미로: TNR 현장   195

1. 도입: 현장으로 가는 길 • 197

2. 만남: 활동가들과의 인터뷰 • 206

3. 관찰: TNR 활동에 참여하다 • 237

4. 성찰: 현장지 • 255

Ⅴ   출구: 길고양이는 새로운 정치학을 이야기하는가?   271

1. 과학은 불확실하다 • 275

2. 고양이는 행위하는 주체이다 • 285

3. 새로운 정치사회학을 위하여 • 294

에필로그 | 두 개의 문 • 303

미주 • 305

참고문헌 • 312

미로의 입구:
이 미로는
어떻게 탄생했는가?

내 이야기를 들어주기로 한 독자들에게 먼저 감사 인사를 드린다. 책을 읽는 동안 우리는 **하나이지만 하나보다 많은** 세계를 함께 여행할 것이다. 이 여행에는 물론 우리의 **소중한 타자**인 고양이가 함께한다. 지적 미로에 발을 들이기 전에 이 미로가 어떻게 만들어지게 되었는지 설명하고 싶다. 나는 어떻게 고양이에 관심 갖게 되었을까? 그리고 길고양이를 어떻게 학위 논문 주제로 삼게 되었을까? 또 어떻게 길고양이에 관한 책까지 쓰게 되었을까? 나는 자문자답으로 운을 떼고자 한다. 매우 개인적인 이야기일 수도 있지만, 어쩌면 글을 풀어가는 데 중요한 실마리를 제공할 수도 있지 않을까?

첫 번째 장면은 중학교 1학년이었던 2003년으로 거슬러 올라간다. 당시 나는 작은 다세대주택에 살고 있었다. 이 다세대주택은 오래된 구식 건물이었고, 우리 집은 2층에 있었다. 현관문을 열면 계단으로 가는 좁은 복도가 있고, 꽉 찬 쓰레기봉투를 종종 복도 현관문 옆에 두곤 했다. 복도는 길고양이가 들어올 수 있을 정도로 개방적인 공간이어서(〈사진 1〉), 길고양이들은 자주 이 쓰레기봉투를 노리곤 했다. 사실 당시엔 길고양이보다 도둑고양이란 단어가 훨씬 익숙한 용어였다(길고양이란 단어는 들어보지도 못했다).

그러다 작은 사건이 벌어졌다. 늦은 저녁께 퇴근하던 아버지께서 건물 복도에 놓인 쓰레기봉투를 사냥하던 길고양이와 마주친 것이다. 어두운 저녁, 노랗게 빛나는 작은 두 눈을 목격한 아버지는 깜짝 놀라 고양이를 발로 걷어찼다. 고양이는 날카로운 목소리로 울며 도망칠 수밖에 없었다. 사람과 동물 사이에 엄격한 귀천이 있다고 믿는 아버지에게 쓰레기봉투를 노리는 고양이는 말 그대로 **도둑**일 뿐이었다.

고양이를 걷어찬 아버지는 금방 현관문을 열고 집에 들어오셨다. 나는 고양이 소리에 놀라 방 밖으로 나왔고, 아버지께 무슨 일이냐고 여쭤봤다. 아버지께서는 대수롭지 않게 고양이가 쓰레기봉투를 헤집고 있어서 발로 걷어찼다고 이야기하셨다. 그날 이야기는 그렇게 끝났다. 대수롭지 않은 이야기였고, 어떻게

〈사진 1〉 2023년 8월 16일 서울특별시 용산구 용산동.
이 주택은 어릴 적 살았던 집(SCENE #1)을 연상케 한다.
길고양이들은 이렇게 개방된 복도에 놓아둔 쓰레기봉투를
자주 뒤지곤 했다. 아쉽게도 사진은 점프하는 고양이의
하반신(?)만 찍혔다. 쓸데없는 질문 하나. 하반신이 맞는
걸까, 아니면 우반신이 맞는 걸까. 혹은 좌반신?

보면 큰 폭력도 아니었다. 길고양이는 도둑고양이였고, 친구나 손님, 우리와 함께 사는 거주민이라기보다, 불운과 불편을 불러오는 웬수[*]였다.

이유는 잘 모르겠지만, 이때의 기억은 꽤 또렷하다. 그 집에 사는 동안 많은 일이 있었지만, 이처럼 또렷하게 기억나는 일은 많지 않다. 그만큼 잊지 못할 어떤 인상을 받았던 것일까? 사건 당사자도 아니었고, 아버지께 조금 전 있었던 일을 단지 전해 들은 것뿐이었지만 말이다. 여전히 알 수 없는 일이지만, 길고양이에 관한 나의 기억은 이렇듯 도둑고양이로부터 시작한다. (여기서 잠깐 아버지를 위해 변명을 해야 할 듯하다. 아버지는 결코 폭력적인 사람이 아니기 때문이다. 당신께서는 오랫동안 강아지를 키운 적이 있으셨고, 사람은 물론이고 동물도 함부로 손찌검하지 않는 분이었다. 하지만 1950년대생인 아버지께 인간과 동물 사이에는 언제나 엄격한 귀천이 있었다.)

---

[*]　여담이지만, 이 표현은 조금 흥미롭다. 사전을 찾아보면, 웬수는 "자기나 집안에 해를 입혀 원한이 맺히게 된 사람이나 집단"을 뜻하는 원수怨讐의 방언이라고 나온다. 하지만 일상적으로 우리가 누군가를 웬수라고 부를 때는 조금 다른 뉘앙스를 띠는 듯하다. 일종의 애증 관계랄까? 혹자는 '웬수'와 '원수'의 차이는 같이 사느냐, 아니면 같이 살지 않느냐의 차이라고 농담하기도 한다. 근데 이 농담이 풍기는 뉘앙스는 길고양이를 떠올리게 한다.

　길냥이로 사회학 하기

두 번째 장면은 대학에 입학한 2009년 이후로 돌아간다. 어릴 적부터 역사와 철학에 관심이 많았던 나는 별다른 고민 없이 사학과로 진학했다. 입학한 학교에는 모든 1학년이 반드시 수강해야 하는 '과학기술의 철학적 이해'라는 필수 강좌(이른바 기초필수)가 있었다. 어릴 적부터 역사와 철학 같은 인문학을 좋아했던 나에게 '과학기술'이란 이름이 붙은 과목명은 처음부터 꺼림직한 느낌을 주었다.

'과학기술의 철학적 이해'는 매주 읽을거리를 읽고 짤막한 질문을 작성해 제출하는 간단한 과제가 주어졌다. 그중 흥미로운 질문은 선생님께서 다른 학생들에게 소개해주기도 했다. 사실 간단한 과제였지만, 흥미가 없어서인지 매주 서너 개의 질문을 짜내는 일마저 고역일 수밖에 없었다. 억지로 짜낸, 말하자면 질문을 위한 질문을 두어 개 적어가는 게 그나마 할 수 있는 최선이었다. 그래서인지 한 학기 동안 내 질문은 단 한 번도 불리지 않았다.

책갈피의 저자 소개를 유심히 본 독자라면 이미 눈치챘겠지만, '과학기술의 철학적 이해'는 내 전공인 '과학기술학(과학사회학)'과 매우 밀접한 관련이 있다. 아니, 어쩌면 과학기술학이란 이름보다 더 정확한 이름일 수도 있다고 생각한다(실제로 내 친구들은 여전히 과학기술학이란 말보다 '과학기술의 철학적 이해'를 줄인 '과.기.철'이란 말을 선호한다. 요컨대, 친구들에게 내 전공은 '과.기.철'인

것이다). 하지만 말했듯이, 과학기술학과 나의 만남은 처음엔 어긋난 인연이었다.

그랬던 내가 과학기술학에 관심을 두게 된 계기는 생각보다 더 무미건조하다. 사실, "어떻게 (사학과를 나와서) 과학기술을 공부하게 되셨나요?"라는 질문은 어딜 가든 흔하게 듣는 말이다(사람들은 자주 과학기술학과 과학기술을 동일시하고는 한다). 그럴 때마다 나는 토머스 쿤Thomas Kuhn과 그가 쓴 《과학혁명의 구조The Structure of Scientific Revolutions》와의 만남을 운명적으로 이야기하곤 한다. 그러니까 역사에**만** 빠져 있던 내가 쿤이 쓴 《과학혁명의 구조》를 읽고 감탄하며, 단숨에 과학기술학으로 빠져들었다는 그런 이야기이다. 인정컨대, 이 이야기에는 과장이 듬뿍 섞여 있다. 한편으로 내가 과장이라고 말하는 이유는 나머지 반쯤은 사실이기 때문이다. 《과학혁명의 구조》가 나를 바꿔놓은 책인 건 분명한 사실이지만, 과학기술학을 전공하게 된 직접적인 이유는 아니었다.

당시 (사학과가 속한) 인문대에는 특별한 졸업 조건이 있었는데, 다름 아닌 제2전공을 반드시 이수해야 한다는 규정이었다. 따라서 (정확히 기억은 안 나지만) 1학년 2학기 말쯤에는 제2전공을 선택해야 했다. 그런데 대학 생활의 첫 학기를 마친 여름방학 쯤부터 공부는 내 삶과 거리가 멀어졌다. 한때 대학원에 진학해 역사학자가 되고 싶었던 나는 여름방학을 지날 때쯤 성공한 록스타를 꿈꾸고 있었다. 소위 딴따라의 길을 걷고 있었다.

아무튼 그런 나에게 제2전공은 귀찮은 짐에 불과했다. 하지만 그런 나에게도 제3의 길은 있었으니. 다름 아닌 '수행인문학'이라는 전공을 선택하면, 다른 제2전공보다 훨씬 적은 학점으로 졸업 요건을 채울 수 있다는 것이었다! (더욱이 과학사 수업은 사학과 학점으로도 인정이 되어서 양쪽 학점을 모두 줄일 수 있었다.) '수행인문학'의 유래는 정확히 알 수 없지만, 이 전공으로는 입학이 불가능하고 오로지 제2전공으로만 선택할 수 있었다.

'수행인문학'은 다시 여러 개의 전공으로 구분되었기 때문에 학생들은 그중 하나를 선택해야 했다. 문제는 '수행인문학' 전공들이 모두 재미없어 보였다는 것이었다. 내 기억상, '수행인문학'은 상당히 **실용적인 인문학**을 추구하는 전공이었다. 하지만 당시 나는 순수/실용 학문의 엄격한 경계를 구분하는, 오직 순수학문만이 지향할 가치가 있다고 믿는 꼰대 학생이었다(사실 이 순수학문 중독은 아직도 완치되지 않았다). 그런데 그중 단 한 전공만이 순수학문이라고 생각할 만한 전공이었고, 결국 그것을 선택했다. 그것이 바로 **과학기술학**STS이었다.

두 번째 장면은 이렇게 끝난다. 나의 30대를 좌우한/할 테제이자, 이 책을 이끌어갈 테제이기도 한 과학기술학과 나의 만남은 이렇듯 우연과 조건 속에 이뤄졌다. 그렇지만 막상 공부를 시작하면서, 과학기술학은 완전히 내 마음을 사로잡았다. 특히 두 사상이 나를 완전히 바꿔놓았다. 하나는 과학기술이 객관적인 진리나 사실이 아니라 사회적으로 구성된다는 **사회적 구성주의**였고, 다른 하나는 인간뿐만 아니라 비인간도 행위할 수 있다고 주장하는 **행위자-연결망 이론**이었다(두 주제는 마지막 장에서 다룰 것이다).

SCENE #3

대학 생활을 마칠 때쯤 그리고 마친 후에 나는 절친한 중·고등학교 동창과 함께 살게 되었다. 친구는 고양이와 살고 있었다. 나는 대수롭지 않게 생각했고, 덕분에 '나-친구-고양이' 셋이 함께 살게 되었다. 그런데 이 만남은 완전히 엉망이었다. 그동안 함께 살아본 반려동물이라곤 강아지가 유일했던 나는 강아지와 고양이를 완전히 동일시했다. 다시 말해서, 고양이를 강아지처럼 다룰 수 있다고 믿었다. 한편으로는 아버지처럼 인간/동물 간의 엄격한 위계질서를 강요했다. 다들 쉽게 예상할 수 있듯이, 관계는 파국으로 치달았다. 나는 고양이를 이해하지 못했고, 고양이도 나를 이해하지 못했다. 한 반년쯤 같이 살았을까. 친구는 결국 고양이를 다른 사람에게 입양 보냈다. 고양이와 나의 동거는 그렇게 끝이 났다.

그래도 고양이와 함께 살아봐서일까, 그때쯤부터 나는 집 밖에 있는 고양이들에게 관심을 두기 시작했다. 관심은 첫 번째 동거가 파국으로 끝난 후에 더욱 강해졌다. 당시 나는 학교 근처에서 자취하고 있었다. 이유는 알 수 없었지만, 학교 후문에는 고양이들, 특히 새끼 고양이들이 많이 살고 있었다. 언젠가부터 밤이 되면 (산책이란 명분 아래) 학교를 돌아다니며 고양이를 찾아다니는 게 일상이 되었다. 그러다 보니 고양이들의 관심을 끌기 위해 나름대로 연구(?)도 하게 되었다. 제일 자신 있는 건 강아지풀로 놀아주는 척하며 새끼 고양이를 유인하는 것이었다.

어느새인가 나는 길고양이들에게 눈길을 주기 시작했고, 고양이란 생명 그 자체에도 관심을 보이기 시작했다. TNR을 알게 된 것도 아마 이맘때였다. 뒤에서 다시 설명하겠지만, TNR은 'Trap(포획)-Neuter(중성화)-Return(돌려놓기)'의 약자로, 길고양이를 포획해 중성화한 후 귀 끝을 살짝 잘라 표시해 포획한 장소에 다시 풀어주는 길고양이 개체수 조절 프로그램이다. 더 짧게 말하면, TNR 사업 또는 길고양이 중성화사업은 길고양이를 안락사시키지 않고 중성화한 후 다시 **포획 장소**에 풀어주는 길고양이 개체수 관리 **정책**이다. 아무튼 이렇게 길고양이에게도 관심 갖기 시작했고, TNR이란 것도 알게 되었다. 하지만 관심이 아주 무르익은 건 아니었다.

대학을 졸업한 후 나는 기타 레슨을 시작했다. 성공한 기타리스트는 되지 못했지만, 기타 레슨을 통해 나름대로 먹고살 수는 있었다. 조금 자신감이 붙은 나는 함께 살았던 친구와 조그만 작업실을 차렸다(그 친구는 베이시스트였다). 몇 년 동안 떨어져 살았던 친구는 어느새 또 다른 고양이 두 친구와 살고 있었다. 첫 동거는 파국으로 끝났지만, 나는 나름대로 고양이들의 삶에 익숙해졌다고 믿고 있었다.

말은 작업실이었지만, 그곳은 우리가 먹고 자는 생활공간이기도 했다. 당연히 두 고양이도 함께했다. 요컨대, '나-친구-쿠

쿠-카나'의 동거가 시작됐다. 쿠쿠와 카나는 두 고양이의 이름이다. 과거엔 조금 넓은 방 하나짜리에 같이 살았지만, 이번엔 방도 2개에 거실도 있었기 때문에 고양이와의 동거도 이전보다 잘 유지될 수 있었다. 하지만 2년 가까이 함께 살았음에도, 두 고양이는 나를 그다지 좋아하지 않았다. 잘은 모르겠지만, 움직이는 사물 정도로 나를 취급하지 않았을까.

아무튼 두 고양이와 함께 살면서 나는 고양이의 삶에 더욱 익숙해지게 되었다. 종종 친구 대신 고양이 화장실을 치우기도 하고, 밥과 물을 주기도 하고, 아주 가끔은 놀아주거나 쓰다듬어 주기도 했다. 그러면서 고양이와 함께 사는 인간 그리고 인간과 함께 사는 고양이에 대한 감수성(?)을 키울 수 있었다. 지금 생각해보면, 이때의 경험과 감각이 나름대로 유의미한 자원이 되지 않았을까.

SCENE #4

네 번째 장면은 내가 두 번째 직장을 구한 2020년을 배경으로 한다. 두 번째 직장은 충주 중앙탑공원에 있는 '세계술문화박물관 리쿼리움'이란 작은 사립박물관이었다. 중앙탑공원 인근에는 사람들이 많이 살지 않았고, 차 없이는 오기도 불편한 곳이었다(이제 와 하는 말이지만, 차 없이 오기 힘든 곳에 '술' 박물관이라니). 그런 이유 때문일까? 흥미롭게도, 이 공원에는 꽤 여러 마리의

   길냥이로 사회학 하기

고양이가 살고 있었고, 나름대로 세력 균형도 있었다.

코로나 덕분에 박물관 일은 많지 않았고, 꽤 따분했다. 그래서 자주 밖에 나와 고양이를 찾아다닐 수 있었다. 내 자리는 주 건물 밖에 있는 매표소였는데, 어떤 고양이들은 매표소로 나를 찾아왔다(《사진 2》). 어떤 고양이들과는 끝까지 친해지지 못했고(《사진 3》), 어떤 고양이들과는 손길을 나눌 수 있는 사이가 되었다(《사진 4》). 또 어떤 고양이는 반려자를 구해 입양 보내기도 했다(《사진 5》). 거창해 보이지만, 사실은 심심했을 뿐이었다.

그런데 서너 달쯤 지났을까, 독특한 패턴이 눈에 들어왔다. 여전히 자리를 지키고 있는 고양이들도 있었지만, 어떤 고양이들은 불과 몇 주가 지나면 더는 나타나지 않았다. 또 연휴가 지나고 나면 못 보던 고양이들이 생겨났다. 누군가 버리고 간 걸까? 그런 의심도 들었지만, 정확한 이유는 알 수 없었다. 그러던 중 나는 대학원 진학을 고민하기 시작했다. 역사학과 과학기술학 중에 고민했지만, 내 마음을 조금 더 잡아끄는 건 과학기술학이었다. 그러면서 나는 예전에 배웠던 것들을 조금씩 상기하기 시작했다. '행위자-연결망 이론'이 떠올랐고, 어느새 나는 고양이들과 이론을 겹쳐 보기 시작했다.

마치 내가 뭔가 뛰어난 직관을 가지고 세상을 들여다보기 시작한 것처럼 읽힌다면, 큰 오해라고 말하고 싶다. 고양이와 이론을 겹쳐놓았지만, 사실 어떤 것도 보지 못하고 있었으니까. 단지 행위자-연결망 이론이 말하는 비인간 행위자와 고양이를 앞뒤로 나란히 뒀을 뿐이었다. 서로를 꿰뚫어 보기보단 오히려 시

〈사진 2〉 2020년 7월 8일 충주시 중앙탑면 탑평리
세계술문화박물관 리쿼리움.
박물관 직원들을 잘 따르던 길고양이가 매표소 창구에
올라와 나를 보고 있다. 고양이 이름은 아쉽게도 기억나지
않는다. 이 고양이는 몸집이 아주 작았는데, 당시 직원들
말에 따르면, 어린 나이에 첫 임신을 했고 결국 유산했다고
한다. 내가 일을 시작할 때쯤 두 번째 임신을 했고, 얼마 안
가 출산했다. 그해는 유독 비가 많이 왔던 걸로 기억한다.
이 고양이는 장맛비가 쏟아지던 어느 날 아직 눈도 제대로
뜨지 못하는 새끼 고양이들을 물고 사라진 후 다시
나타나지 않았다.

       길냥이로 사회학 하기

〈사진 3〉 2020년 9월 8일 충주시 중앙탑면
탑평리 세계술문화박물관 리쿼리움.
결국 나와 친해지지 못한 길고양이. 언제나
나와 일정 거리 이상을 유지했다. 잇몸이 좋지
않은지 자주 침을 흘리고 있었다.

〈사진 4〉 2020년 9월 19일 충주시 중앙탑면
탑평리 세계술문화박물관 리쿼리움.
나에게 손길을 허락할 정도로 친해진 길고양이.
어느 날 갑자기 사라진 후로 다시 볼 수 없었다.

     길냥이로 사회학 하기

〈사진 5〉 2020년 11월 6일 충주시 중앙탑면 탑평리
세계술문화박물관 리쿼리움.
이 고양이는 연휴(아마도 추석 연휴)가 지난 어느 날
갑자기 나타났다. 누군가 유기한 듯싶었다. 그리고 한두
달 뒤쯤 다른 사람에게 입양되었다. 나중에 고양이가
잘 적응하고 있다는 쪽지를 받기도 했는데, 아쉽게도
기록해두지 않았다.

야를 가리는 그런 상태였다. 솔직히 말하면, 둘을 연결하면 논문 주제가 되지 않을까 하는 속물적인 생각이 더 앞서 있었다.

새로운 탐험을 기대하는 독자들을 위해 회상은 이쯤에서 멈춘다. 지적 모험을 떠나기에 앞서 우리 탐험대의 이름을 다시 한번 살펴보자. 《길냥이로 사회학 하기》라는 형용모순에 관해서 말이다. 우리가 익히 알고 있는 사실에 따르면, 사회는 **오직 인간만**으로 구성된 집단이다. 사전적 의미로도 사회란 "공동생활을 영위하는 모든 형태의 인간 집단"을 뜻한다. 따라서 사회학은 기본적으로 인간과 그 집단을 연구하는 학문이다. 어떻게 길고양이가 사회를 탐구하는 하나의 창窓이 될 수 있을까?

그렇지만 잠시만 생각해봐도, 사회가 단지 인간만으로 구성된다는 생각은 꽤 어색하다. 우리의 일상을 돌이켜보자. 도구와 기술을 뜻하는 좁은 의미의 인공물에서, 법·제도·지식·관념 등을 포함하는 넓은 의미의 인공물에 이르기까지 우리의 삶은 다종다기한 인공물을 통해 구성되기 때문이다. 또한, 여러분이 사랑하는 고양이와 그 친구들뿐만 아니라 눈에 보이지 않는 아주 작은 미생물에 이르기까지 수많은 비인간 생명은 우리 일상에 중요한, 아니 결정적인 영향을 미친다. 불과 얼마 전에 겪은 코로나 팬데믹을 떠올린다면, 그 같은 사실을 부정하기는 어려울 것이다.

말하자면, 수많은 비인간이 우리 삶과 사회를 결정적으로 구성한다! 만약 비인간을 우리 안에 포섭해야 한다면, '사회'란 말은 단순히 인간중심적 혼란만을 더하는 반동적 용어일지도

  길냥이로 사회학 하기

〈사진 6〉 2020년 8월 5일 충주시 중앙탑면
탑평리 세계술문화박물관 리쿼리움.

모른다. 어쩌면 사회보다 '집합체'라는 말이 더 적합할지도 모르겠다. 이 말이 옳다면, 사회학 또한 비/인간과 그 집합체를 설명하는 새로운 학문이 되어야 할 것이다. 그것이 가능할까? 가능하다면, 어떻게 가능할까? 그리고 그 모습은 어떤 것일까? 이 책은 고양이와 함께 그 가능성을 상상한다.

물론 단순히 포함하는 것만으로 큰 변화는 일어나지 않을 것이다. 모두가 인정하듯이 결국 사회적 문제는 정치적 문제로 비화된다. 우리는 단순한 공존을 넘어서 수많은 비인간을 새로운 정치체에 포함할 수 있을까? 말하자면, 대표자 길고양이가 다른 모든 길고양이를 대신해 연설하는 새로운 의회를 상상할 수 있을까? 이 미로의 마지막 출구에서 우리는 새로운 정치적 상상력에 도전한다.

아무튼 이런 골치 아픈 이야기로 벌써 독자들에게 혼란을 주고 싶지는 않다. 이미 혼란스러움을 느끼는 독자가 있다면, 정중하게 사과하고 싶다. 이제 지적 여행을 시작하자. 여행의 마지막 순간까지 당신과 함께할 수 있기를. 딸깍. 스피커가 켜지고 환영곡이 흘러나온다.

경고: 이 이야기는 다소 복잡하고, 당신의 머리를 어지럽게 할지도 모릅니다. 그러니 다음 장을 펼치기 전에 신나는 노래로 머리를 비우시길 바랍니다.

　　　길냥이로 사회학 하기

You're looking good.

I'm gonna sing my song
and you won't take long.

We're gonna do the twist
and it goes like this

좋아 보이는군요.

제 노래를 부를 거예요.
오래 걸리진 않을 거예요.

우린 트위스트를 출 거예요.
그리고 이렇게 시작하죠.

—처비 체커Chubby Checker, 〈다시 트위스트를 춰요Let's Twist Again〉

첫 번째 미로

Trap-Neuter-Return(TNR)

1.

혐오는 어떻게
성장하는가?

길고양이를 연구 주제로 삼을 수 있겠다는 생각은 대학원 첫 학기 기말 보고서를 쓰면서 본격적으로 시작되었다(이 보고서는 결국 석사학위 논문으로 완성되었다). 보고서 제목은 〈ANT 사례분석: 고양이 중성화 수술과 길고양이 TNR 정책을 중심으로〉였다. 제목에서 알 수 있다시피, 당시 나에게 길고양이와 TNR은 연구 대상이나 주제라기보다 ANT라는 **이론을 적용하기 위한 소재**에 가까웠다.

보고서는 '조선 궁궐 중 하나인 경희궁을 거닐며 느낀 소회'와 '신축 원룸을 보며 느끼는 감각들'을 비교하며 시작한다. 조선 궁궐씩이나 되는 곳이 어쩜 이렇게 휑할까? 하지만 원룸은 바람, 소음, 심지어는 햇빛조차 차단하려고 노력하지 않는가(그리고 아주 효과적으로 그 일을 해내고 있지 않나)? 어쩌면 우리는 바로 이 '투과성'에서 길고양이 문제의 원인을 찾아야 하지 않을까? 그리고 행위자-연결망 이론(ANT)을 통해 그것을 잘 드러낼 수 있지 않을까?

현실적 분석보다 이론적·추상적 유희를 즐기는 이런 태도는 사실 석사 논문까지도 이어졌다. 그래서인지 누군가 "네가 논문에서 말하고 싶은 게 뭐야? 세 줄 요약 좀"이라고 물으면, 크게 할 수 있는 말이 없었다. 심지어 학위 논문의 마지막을 장식한 '정책적 제언'은 사실 내가 아닌 지도교수님의 의도였다. 반년 넘게 참여관찰하고, 1년 넘는 수고를 들였으니, 더 나은 방향으로 나아가기 위한 정책 제안을 논문에 싣는 것이 맞지 않겠느냐 하는 그런 주문이었다. 그래서 나는 논문 심사 이후에 부랴부랴 '정책적 제언' 절을 추가했다.

말하자면, 나는 시급히 해결해야 할 중요한 문제라기보다 이론적 놀이의 한 소재로서 길고양이 문제에 접근했다. 고맙게도 많은 주변인, 심지어는 학술과 관련 없는 지인들까지도 발표를 앞둔 내 학위 논문을 많이 읽어주었다(이 자리를 빌려 다시 한번 감사의 말을 전한다). 대체적인 반응은 "재밌다"였다. 물론 "이런 연구는 왜 했는지 모르겠다"라고 말하는 사람도 있었지만. 아무튼 나는 그런 반응들에 만족했다. 뛰어난 연구자보다 재밌는 연구자가 되는 것이 내 목표였으니까 말이다.

그렇기는 하지만 논문을 쓰는 동안 다른 생각도 하게 되었다. 특히 다른 학생들의 발표나 토론, 문제의식 등을 보고 들으면서, 현실 문제에 좀 더 신경 써야 하지 않을까 하는 생각이 들기 시작했다. 그러던 중 다음과 같은 특이한 현상을 발견하게 되었다. 고양이는 가장 인기 있는 동물이 된 듯하다. 그와 더불어 (도둑이 아닌) 길고양이도 사람들에게 사랑받게 된 것처럼 보인다. 그런데 그만큼 혐오의 대상이 되기도 한 것 아닐까?

용어 이야기를 조금만 더 해보자. 적어도, 중학생 때까지 나에게 길고양이란 '도둑고양이'였다. 실제로 길고양이를 부르는 표준어는 본래 '도둑고양이'였다. 그런데 국립국어원은 2021년 '도둑고양이' 대신 '길고양이'를 표준어로 등재했다. 이에 따라 '길고양이'는 "주택가 따위에서 주인 없이 자생적으로 살아가는 고양이"로 정의되었고, 기존에 "사람이 기르거나 돌보지 않는 고양이"로 정의되었던 '도둑고양이'는 "몰래 음식을 훔쳐 먹는 고양이라는 뜻으로 길고양이를 낮잡아 이르는 말"로 변경되었다.[1] 이 일화는 길고양이에 대한 사람들의 인식 변화를 분명하게 보여준다. 요컨대, 이제 많은 사람은 "주택가 따위에서 주인 없이 자생적으로 살아가는 고양이"를 **도둑고양이**가 아닌 **길**고양이라고 생각하게 되었다.

그런데 어느 날 나는 또 다른 신조어를 접했다. 자동차를 끔찍이 아끼고 사랑하는 내 친구 한 명이 '털바퀴'라는 말을 쓰기 시작했다(내 친구는 **매주** 주말마다 세차를 7~8시간씩 하는 친구였다. 최근엔 덜 하지만, 이 친구는 무려 1년 넘게 이 루틴을 유지할 정도로 차를 사랑한다). 처음에 난 '털바퀴'가 무슨 뜻인지 전혀 알아차리지 못했다. 사실 무슨 차 바퀴 얘기인 줄 알았다. 한참 후에야 그것이 길고양이를 뜻한다는 사실을 알게 되었다. (물론 인터넷을 찾

〈사진 1-1〉 2022년 9월 16일 서울특별시 관악구 조원동. 주차된 오토바이에 올라가 있는 두 고양이. 오토바이 주인이 이 사실을 알았는지는 잘 모르겠다. 이 장면은 누군가에게 길고양이가 혐오스러울 수 있다는 사실을 보여준다. 물론 혐오를 느끼는 것과 그것이 혐오 행동, 더 나아가 혐오 범죄로 이어지는 것은 완전히 별개의 문제다. 하지만 누군가에게는 정말로 길고양이가 문제를 일으킬 수 있지 않을까? 그렇다면 왜 누군가에게는 문제가 되고, 누군가에게는 다정한 대상이 될까? 그/그녀가 단지 착하거나, 감수성이 풍부하기 때문일까? 어쩌면 **그들 배후의 물질적 조건**들이 실제로 문제를 만들거나 만들지 않는 것은 아닐까? 난 뒤에서 이 문제를 더 깊게 탐구한다.

길냥이로 사회학 하기

아본 후에야) '털바퀴'가 '털 달린 바퀴벌레', 그러니까 길고양이를 바퀴벌레로 비유한 것이라는 사실을 알게 되었다. 물론 차주들이 느끼는 고통과 스트레스도 이해하지만(〈사진 1-1〉), 우리는 이 같은 혐오 표현을 어떻게 받아들여야 할까? 이 문제를 더 파헤치고 싶은 독자들에게 미리 사과하자면, 혐오 표현의 옳고 그름은 우리의 주제가 아니다. 우리의 주제는 바로 다음과 같다. 길고양이가 더욱더 친밀한 대상이 될수록 길고양이에 대한 혐오 또한 더욱 조장되는 듯 보인다. 군비 경쟁과 같은 이 관계를 우리는 어떻게 이해해야 할까?

물론 가장 큰 문제는 혐오 표현이 단지 '표현'으로 끝나지 않는다는 것이다. 학위 논문에 언급한 사건들은 다음과 같다. 2022년 1월, 동물권 보호단체 카라는 캣맘을 살해 협박한 신원 미상의 가해자를 고발했다.[2] 같은 해 2월, 한 온라인 커뮤니티에 길고양이를 포획해 산 채로 불태우는 영상이 올라왔다. 카라는 해당 영상을 올린 익명의 게시자를 고발했고, 동물권단체 케어는 신상 불명의 학대자를 찾기 위해 현상금 1000만 원을 내걸었다.[3] 5월, 길고양이 혐오 대화방을 운영하고, 길고양이 사료 그릇에 부동액을 뿌린 20대 남성이 체포됐다.[4] 지하 주차장에 드나드는 길고양이를 두고 아파트 주민들끼리 벌인 논쟁과 분란이 기사화되기도 했다.[5] 학위 논문에 실린 2022년 기사들만 봐도 혐오는 쉽게 악의적 행동으로 번질 수 있음을, 무엇보다 **길고양이 대 인간의 갈등**이 **인간 대 인간의 갈등**으로 번지고 있음을 알 수 있다. 그렇다면 그 이후로는 어땠을까?

네이버 뉴스에 들어가 '길고양이'로 검색한 뒤 최신순으로 정렬해봤다. 먼저, 각 지자체의 TNR 보도자료가 눈에 들어온다. 최근 들어 점점 더 많은 지자체가 TNR을 확대하고 있는 듯 보인다. 조금 더 기사를 내리니 고양이 78마리를 죽인 20대가 항소심에서도 실형을 받았다는 기사가 뜬다.[6] 이 사람은 2022년 12월부터 2023년 9월까지 총 55회에 걸쳐 고양이 78마리를 살해했다고 한다. 이 사람은 "2023년 9월 김해시 주차장에서 분양받은 고양이 2마리를 죽인 혐의로 기소돼 징역 8개월을 선고"받았고, "이후 비슷한 방법으로 범행 기간 고양이 76마리를 죽인 혐의로도 기소돼 2023년 4월 징역 1년 2개월을 선고"받았다.[7]

스크롤을 더 내리니 다음과 같은 기사가 뜬다.[8] 가해자인 캣맘 A씨는 "지난 2022년 2월 11일 오후 2시 37분쯤 경기도 평택시의 한 주차장에서 길고양이를 위해 고양이 사료를 뿌렸다. 그러던 중 주차장 소유주인 40대 여성 B씨가 그에게 다가왔다. B씨는 자신의 주차장 바닥에 고양이 사료를 뿌리는 A씨에게 항의했고 곧 이들 간에 말다툼이 벌어졌다. 언쟁이 오가던 중 A씨는 순간적으로 격분해 B씨의 가슴을 1회 강하게 밀쳤다. …… A씨는 의식을 잃은 B씨를 보고도 폭행을 멈추지 않았다. …… 그의 범행은 119구급대가 출동해서야 비로소 멈췄다. 이후 그는 현장에 도착한 B씨의 남편에게 붙잡혔다." 살인미수 및 폭행 혐의로 기소된 A씨는 징역 12년 형을 선고받았다.

더 찾아봐야 하나 싶지만, 그래도 형식상 분량을 채우기 위해 스크롤을 조금만 더 내려보자. "한 아파트 단지 인근에서 길고양이 4마리가 죽은 채 발견"되었다는 기사가 보인다.[9] 심지어 "4마리 중 1마리는 다리가 잘린 상태"였다. 조금 더 내리니, "대구 동구 혁신도시 내 '길고양이 돌봄'을 둘러싼 주민 간 갈등이 커지고 있다"라는 기사도 보인다.[10] 다시 또 내리니, 부산 "을숙도 길고양이 급식소 철거 갈등이 법적 다툼으로까지 번졌"다는 기사도 있다.[11] 그만 찾아보자. 물론 이런 자극적인 기사만 있지는 않다. TNR 사업이 점점 더 확대되고 있음을 보여주는 보도자료라든가, 가슴 따뜻하게 하는 길고양이 뉴스들, 나아가 언제나 갑작스러운 길고양이와의 만남 또는 이별을 준비하는 인간적인(?) 뉴스들도 많다.

하지만 그렇다는 말은 오히려 내 주장을 더욱 강화하는 것 아닐까? 길고양이를 향한 보호·공존의 외침과 길고양이에 대한 혐오는 마치 서로를 자극하며 **함께 성장**하고 있는 것은 아닐까? 만약 그렇다면 왜 그런 걸까? 우리는 어떻게 이 문제를 풀어나가야 할까? 그 답은 아직 모르지만, 하나만은 확실하다. 길고양이 문제는 단순하지 않으며, 우리가 관심을 두고 지켜봐야 할 중요한 사회적(난 곧 이 단어를 평가절하할 것이지만) 문제라는 것이다. 말하자면, 중요한 연구 대상이라고 할 수 있다.

2

TNR,
가볍게 들여다보기

길고양이는 우리에게 점점 더 **소중한 타자**가 되어가고 있다. 그러나 그런 만큼 점점 더 혐오의 대상이 되고 있다. 갈등은 이제 단순히 인간 대 길고양이의 갈등을 넘어 인간과 인간 사이의 갈등으로 번지고 있다(아니, 사실은 번진 지 오래다). 따라서 우리는 길고양이 문제를 더 파헤칠 필요가 있다. 이번 절은 길고양이 문제를 해결하기 위해 널리 사용되는 방법, 즉 TNR을 짧게 이야기하려고 한다.

TNR은 'Trap(포획)-Neuter(중성화)-Return(돌려놓기)'의 약자로, 길고양이를 포획해 중성화한 후 귀 끝을 살짝 잘라 표시한 다음 포획한 장소에 다시 풀어주는 길고양이 개체수 조절 프로그램이다. 더 짧게 말하면, TNR은 길고양이를 안락사시키지 않고 **중성화한 후 다시 포획 장소에 풀어주는 길고양이 개체수 관**

리 방법이다. 그렇다면 왜 TNR을 할까? 물론 길고양이 수를 줄이기 위해서다. 따라서 왜 TNR을 하느냐는 질문은 왜 길고양이 수를 줄여야 하느냐는 질문을 함축한다. 그렇다면 왜 길고양이 수를 줄여야 할까?

TNR을 주장하든 아니면 안락사를 주장하든, 양측은 기본적으로 '길고양이 수를 줄여야 한다'라는 전제에 동의한다고 볼 수 있다. 물론 자세히 살펴보면, 이 주장도 그렇게 단순하지는 않다. 하지만 지금은 이야기를 단순화해보자. 일군의 과학자들[12]에 따르면, ① 들고양이는 섬 동물군faunas에 파괴적인 영향을 미친다. ② 오늘날 적어도 367종의 멸종위기종threatened species이 고양이 포식으로 위협받고 있다. ③ 고양이는 새 개체수에 영향을 미치며, 그 영향은 섬뿐만 아니라 대륙과 도시에서도 극심하다. ④ 고양이는 새뿐만 아니라 다른 동물들에게도 영향을 미치며, 따라서 생태계 전체에 영향을 미친다. 요컨대, 고양이는 생태계 전체에 나쁜, 심지어는 파괴적인 영향을 미칠 수 있는 포식자다. 따라서 많은 동물학자는 야생·들·길고양이 수를 최소화해야 한다고 주장한다.

물론 이후에 살펴볼 것처럼, 포식 문제(〈사진 1-2〉)뿐만 아니라 고양이가 생태계, 나아가 인간에게 미치는 영향은 위처럼 깔끔하게 정리되지 않는다. 사실은 모든 주장이 논쟁 대상이 될 수 있다. 그렇다면 길고양이 수를 줄이기 위해서 왜 누군가는 TNR을 주장하고, 누군가는 안락사를 주장할까? 단지 '윤리적인' 또는 '인도적인' 차원인가? 하지만 '안락사'에도 자주 '인도적'이란

〈사진 1-2〉 2021년 9월 23일 서울특별시 동대문구 제기동.
사냥한 새를 물고 가는 고양이. 마을을 돌아보던 중 우연히
고양이가 새를 사냥하는 장면을 목격했다. 이야기로는
들었지만, 실제로 목격한 것은 이때가 처음이다. 이 사진은
새를 물고 도망(?)가는 고양이를 뒤쫓으며 찍었다.

 길냥이로 사회학 하기

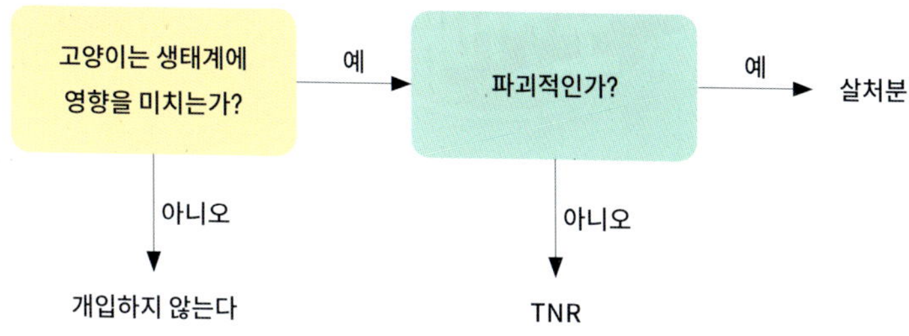

수사가 붙지 않는가? 고양이가 생태계에 미치는 **파괴적인 영향력**은 이 질문에 한 가지 답변이 될 수 있다. 고양이가 생태계에 악영향을 미친다는 사실은 양측 다 인정할 수밖에 없는, 아니 인정해야만 하는 사실이다. 그렇지 않다면, 인간이 고양이 생태에 개입할 명분이 어디 있겠는가? 요컨대, 고양이 수가 생태계에 어떤 악영향도 미치지 않는다면, 그 수를 제한하기 위해 우리가 왜 애써야 하는가?

하지만 얼만큼인가? 야생·들·길고양이는 생태계에 얼마나 나쁜 영향을 미치는가? 그 영향이 파괴적인 수준이 아니라면, 중성화된 고양이는 다시 살던 곳으로 돌아가도 괜찮다. 하지만 그렇지 않다면? 고양이 수를 줄이거나 그곳에서 가능한 한 빨리 사라지게 해야 한다. 따라서 중성화된 고양이를 다시 제자리에 돌려놓는 일은 생태계를 파괴하는 행위나 마찬가지다! 이를 정리하면, 〈그림 1-1〉과 같은 알고리즘을 작성할 수 있다.

요컨대, 길고양이가 생태계에 얼마나 악영향을 미치는가에 관한 판단이 길고양이 문제에 대한 개입 수준과 방법을 결정할

〈사진 1-3〉 2021년 7월 14일 서울특별시 동대문구 청량리동.
자세히 보면 안쪽에 또 다른 삼색 고양이 한 마리가 더 있다. 길을
걸어가던 중 우연히 목격했다. 분홍색 고양이 화장실도 보인다.
내가 목격했을 때는 두 고양이가 가게 안으로 들어가고 있었다.

길냥이로 사회학 하기

수 있다. 물론 여기에는 또 다른 판단 기준이 들어갈 수 있다. 즉, 그곳이 어떤 생태계인가? 섬인가? 숲인가? 아니면 도시인가? 어떤 생태인가에 따라 과학자들의 의견은 달라질 수 있다(예를 들어, 도시에서는 TNR만으로도 충분하지만, 섬이나 숲 같은 곳에서는 안락사를 병행해야 한다 등). 다음과 같은 문제도 생각할 수 있다. 안락사를 지지하는 사람이라면 소위 외출고양이(집 밖을 자유롭게 돌아다닐 수 있는 집고양이)(〈사진 1-3〉) 또한 반대할 것이다. 반면, TNR 지지자는 적어도 생태 파괴를 이유로 외출고양이를 거부하지는 않을 것이다(그렇다면 TNR 자체도 거부해야 할 테니).

다시 한번 정리하자. 길고양이는 생태계에 얼마나 나쁜 영향을 미칠까? 이 질문에 대한 각자의 판단이 곧 길고양이 문제를 다루기 위한 판단 기준이 될 수 있다. 그러나 그뿐인가? 얼핏 보아도, 길고양이를 포획한 후 중성화해 풀어주는 TNR은 안락사보다 복잡하고 번거로워 보인다. 요컨대, (다시 한번 윤리적인 문제를 잠깐 제쳐둔다면) TNR은 비효율적인 방식 아닌가? 효율성! 그야말로 이 시대의 시금석 아닌가?

물론 TNR 지지자들은 이 문제에 대한 답을 갖고 있다. 한국고양이보호협회가 2018년 출판한 《공존을 위한 길고양이 안내서》를 보자. 이 책에 따르면,

흔히 고양이를 싫어하는 사람들은 길고양이 …… 살처분을 주장하지만 이는 올바른 해결책이 될 수 없다. **오랜 연구와 관찰 결과**, 기존의 살처분 방법은 길고양이의 개체수를 줄이는

데 실질적인 효과가 없다는 사실이 **증명**된 바 있다. 한 지역에서 살처분을 실시했을 때 빈자리에 새로운 길고양이가 계속 유입되고(이를 **진공 효과**라고 부른다), 오히려 암컷의 출산율이 높아지기 때문이다.

또한 길고양이 포획 및 살처분을 대대적으로 실시할 경우, 쥐들이 왕성하게 번식할 수 있는 환경이 조성된다는 것도 문제다. 알려져 있듯 쥐는 병균과 질병을 옮기는 매개체이기도 한데, 중세 유럽에서 고양이를 마녀의 동물로 몰아 대대적인 화형과 살처분을 한 결과 흑사병이 전 유럽을 휩쓸기도 했다.

…… 따라서 적정한 길고양이 수를 유지하면서 현재 제기되는 문제들을 해결할 수 있는 방법을 택해야 하는데, 현재까지 가장 성공적인 방법이 TNR이다.[13]

이 글은 여러모로 흥미롭다. 〈TNR이란?〉 제목이 붙은 이 두 쪽짜리 짧은 챕터에서 우리는 어떤 윤리나 도덕도 찾아볼 수 없다. TNR이 필요하다고 주장하기 위해 책은 오직 **오랜 연구와 관찰 결과, 증명, 진공 효과**와 같은 (과학적) 용어에 의존한다. 중세 유럽의 흑사병, 마녀, 고양이, 화형으로부터 근거를 끌고 오는 점도 흥미롭다.

물론 핵심은 언제나 과학이다. 옹호자들은 TNR이 비효율적이라는 비판에 훌륭하게 답변한다. "그대, 진공 효과를 모르는가?" TNR 지지자들은 잘 알려진 고양이의 본성으로부터 진공 효과를 **연역**한다. "고양이는 영역 동물이다. 따라서 한 곳에

자리 잡은 고양이는 다른 고양이의 유입을 막는다. 그러나 안락사된다고 생각해보라. 곧 그 자리는 다른 고양이가 들어와 차지할 것이다! 따라서 문제는 반복될 뿐이다. 자리 잡은 고양이를 TNR하라! 그러면 TNR 고양이는 지역을 능숙하게 수성守城할 것이다." 우리는 다른 곳에서도 동일한 논리를 찾아볼 수 있다.

TNR의 필요성:

길고양이를 포획해 살처분하는 방식은 비인도적일 뿐 아니라 영역 동물인 길고양이 특성을 반영하지 못한 방법으로 개체수 조절 효과가 없습니다. 길고양이는 영역을 확보하고 살아가는 영역 동물로서 한 지역에서 길고양이를 모두 잡아 살처분한다면 다른 지역의 길고양이들이 빈 영역을 차지하기 위해 다시 유입됩니다. 이러한 현상을 진공 효과라고 하는데 이러한 진공 효과로 인해 포획–살처분 방식으로는 길고양이 개체수 조절 효과를 기대하기 어렵습니다. 길고양이 개체수를 효과적으로 조절하기 위해서는 TNR을 통해 반복되는 출산을 막고, 다른 지역에서 길고양이가 유입되는 것을 방지할 수 있도록 적정 수의 길고양이가 영역을 확보하게 해야 합니다.[14]

윤리적 용어("비인도적")가 등장하긴 하지만, 이 글 또한 앞선 글과 마찬가지로 매우 과학적·합리적 용어에 의존하고 있다. 요컨대, **진공 효과**는 안락사/살처분 방식을 반박하는 훌륭한 과학적·합리적 이론이다(주의: 여기에서 훌륭하다는 말은 결코 옳다는 뜻을 함축하지 않는다).

　진공 효과는 안락사/살처분 방식을 반증할 뿐 아니라 TNR의 필요성을 증명한다. 동물자유연대가 이미 설명했듯이 TNR이 된 고양이는 "다른 지역에서 길고양이가 유입되는 것을 방지"한다. 따라서 우리는 "적정 수의 길고양이가 영역을 확보"하도록 해야 한다. 그 사실 또한 영역 동물이라는 길고양이의 본성으로부터 연역된다. 요컨대, 고양이는 영역 동물이기 때문에 중성화된 고양이는 자기 영역에 다른 고양이가 들어오지 못하도록 막을 것이다. 따라서 길고양이를 포획하고 중성화한 후 제자리에 풀어두면, 다른 고양이는 더 이상 이 구역으로 들어오지 못할 것이다.

　그러나 현명한 독자들은 이 논리가 이미 또 다른 근거를 요구한다는 사실을 깨달았을 것이다. "하지만 그 고양이는 문제를 일으키던 고양이가 아닌가? 중성화한다면, 더 이상 새끼를 낳지는 못하겠지. 하지만 고양이는 우리를 계속 혼란스럽게 만들 것이다!" 요컨대, 중성화는 번식(재생산)을 막는 완벽한 예방 주사지만, 중성화가 길고양이 문제를 해결하는 훌륭한 항생제가 될 수 있다는 근거는 어디에 있는가?

　TNR 지지자들은 "물론 있다!"라고 자신 있게 대답한다. 서울특별시 시민건강국 동물보호과에서 제작한 포스터 '길고양이와 공존을 위한 제안'을 보라(〈그림 1-2〉).[*] 다음과 같이 쓰여 있

---

[*] https://news.seoul.go.kr/env/archives/249918(2024년 9월 10일 접속).

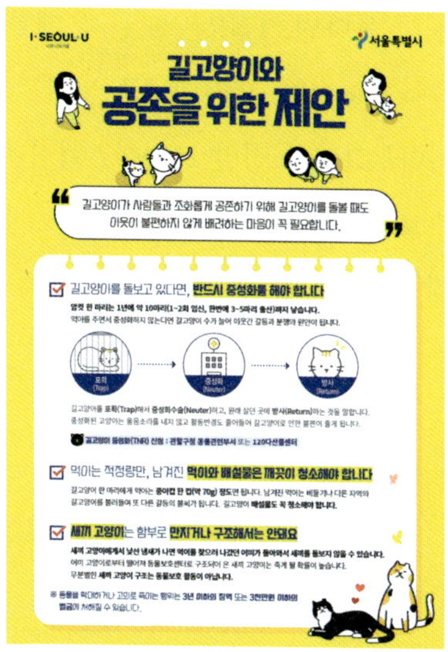

출처: 서울특별시 시민건강국 동물보호과

다. "중성화된 길고양이는 울음소리(교미음)가 사라지고, 더 이상 번식을 하지 않게 되며, 원래 영역을 지키면서 다른 고양이의 유입을 방지합니다." 다른 문장은 TNR 프로그램의 핵심을 더욱 분명하게 드러낸다. TNR은 "길고양이를 포획(Trap)해서 중성화 수술(Neuter)하고, 원래 살던 곳에 방사(Return)하는 것을 말합니다. 중성화된 고양이는 울음소리를 내지 않고 활동반경도 줄어

이 포스터를 업로드한 서울특별시 홈페이지 게시글도 흥미로운 분석 대상이다. 게시글에는 다음과 같이 쓰여 있다. "민원이 발생될 때에는 이웃의 입장도 헤아려 객관적인 자세를 유지하고, 소통과 협의로 문제를 해결할 수 있도록 노력해주세요." '객관적'이란 단어는 어느 곳에서나 훌륭하게 쓰인다!

들어 길고양이로 인한 불편이 줄게 됩니다".

　이들의 주장이 옳다면, TNR은 모든 문제를 해결할 수 있는 **마법의 탄환**silver bullet이다. 요컨대, "좋은 길고양이는 TNR이 된 길고양이뿐이다." 그러나 정말 그럴까? 핵심은 여기에 있다. TNR은 **과학적**으로 **증명**되었나? 유감스럽게도, 우리는 이 결정적인 증명의 전장이 **엉망진창**이라는 사실을 보게 될 것이다.

3

길고양이:
자연-문화의
경계 존재

한 가지만 더 짚고 넘어가고 싶다. TNR은 법적 행위, 즉 법으로 보장된 행위다. 길고양이 중성화사업은 〈고양이 중성화사업 실시요령〉(이하 〈실시요령〉)에 따라 이뤄진다. 〈실시요령〉은 〈동물보호법〉이란 상위 법률의 하위법이다. 〈동물보호법〉(법률 제20581호, 시행 2025.6.21.) 제34조 1항에 따르면, "시·도지사(특별자치시장 제외)와 시장·군수·구청장"은 "유실·유기동물"을 "발견한 때에는 그 동물을 구조하여 제9조에 따라 치료·보호에 필요한 조치"를 하도록 되어 있다. 다만, 유실·유기동물에 "해당하는 동물 중 농림축산식품부령으로 정하는 동물은 구조·보호조치의 대상에서 제외"한다. 그렇다면 이 구조·보호조치에서 제외된 동물은 무엇인가? 그 답은 〈시행규칙〉에서 찾을 수 있다. 〈시행규칙〉(농림축산식품부령 제745호, 시행 2025.12.26.) 제14조는 구조·보호조치 제외 동물을 규정한다. 제1항에 따르면, "'농림축산식품부령으로 정하는 동물'이란 도심지나 주택가에서 자연적으로 번식하여 자생적으로 살아가는 고양이로서 개체수 조절을 위해 중성화하여 포획장소에 방사하는 등의 조치 대상이거나 조치가 된 고양이를 말한다". 즉, 구조·보호조치 제외 동물은 TNR 조치 대상인 길고양이 또는 이미 TNR이 된 고양이다. 그런 후 제2항은 농림축산식품부 장관이 제1항과 관련된 세부적인 처리 방법을 정할 수 있도록 규정하고 있다. 이 두 규정에 따라 "길고양이 중성화사업의 세부적인 처리 방법에 관하여 필요한 사항을 규정"한 것이 바로 〈실시요령〉이다. 말하자면, 길고양이 TNR은 여러 법 조항 등을 통해 규정된 **법적 행위**다.

독자들은 내가 왜 갑작스럽게 TNR 관련 법을 소개하는지 의아할 것이다. 물론 첫 번째 이유는 길고양이 중성화사업TNR이 막무가내로 이뤄지고 있는 사업이 아니라는 점을 보여주기 위해서다. 다른 한편으로 이런 질문도 할 수 있다. 법적 정당화가 TNR의 과학적 정당화를 뒷받침할 수도 있을까? 다시 말해서, 제도화가 TNR을 더 과학적 사실로 만들어낼까? 분명 흥미로운 질문이지만, 나는 또 다른 질문을 던져보고 싶다. 보통 우리는 동물이 인간과 다른 존재, 그러니까 자연의 존재라고 생각한다. 요컨대, 한 측에 인간이 있고, 다른 한 측에 자연이 있다. 그리고 그 자연 안에 동물이 있다. 그런데 〈동물보호법〉을 따라가다 보면, 과연 그런가 하는 생각이 든다(〈그림 1-3〉). 어떤 동물은 법을 통해 생명을 보장받는다. 어떤 동물은 법을 통해 죽음과 죽는 방

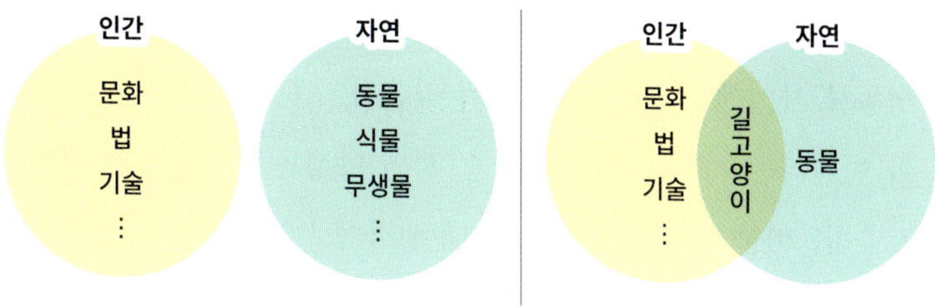

식이 결정된다. 그중 길고양이는 생식능력이 제거되어야 하는 대상이 된다. 이들을 과연 우리가 자연의 존재라고 말할 수 있을까? 어떤 면에서 이들은 이미 (법적으로) **만들어진** 존재, 그러니까 이미 **법적인 존재**, 따라서 **인간적인 존재**이기도 한 건 아닐까? 그렇다면 자연/인간의 경계는 정확히 어디에 그을 수 있을까? 이 문제는 다음에 다시 다룰 것이다.

정리하면, TNR 고양이는 법적 존재이자 자연적 존재다. 자세한 논의는 후반부에서 다루겠지만, 한 가지는 짚고 넘어가자. TNR은 법적 절차이기 때문에 흥미로운 것이 아니다. 그와 동시에, TNR은 길고양이를, 즉 추적되고 포획되고 중성화되고 때로는 피할 수 없는 죽음을 맞이해야 하는 타자를, 보호받아야 하는 법적 대상으로, 즉 우리와 같은 시민으로 바꾸는 행위이기 때문에 흥미롭다. 길고양이는 시민이 아니다. 그들은 사라지거나 없어져야 한다. 하지만 중성화된다면, 이등 시민이 될 수 있다.

말했듯이, TNR 고양이는 이분법의 극단으로 나눠진 인간/자연의 중간 경계 어디쯤에 있다. 바로 이 '경계'란 용어를 조금 더 확장할 수는 없는 걸까? 도시/야생의 경계는 어떨까? 바꿔 말하면, 인간화된 동물인 **반려동물**과 인간과 접점이 거의 없는 **야생동물** 사이엔 어떤 경계가 놓여 있을까? 길고양이가 반려동물이 아니라는 사실은 분명하지만, 과연 야생동물이라고 부를 수 있을까? 비둘기는? 너구리는?[15] 내 생각에, '반려'와 '야생'이라는 두 단어만으로는 경계에 놓인 존재들을 도저히 포착할 수 없다. 그런데 이 경계는 너무나 두꺼워서 '반려'와 '야생'이라는 양극단은 아주 작은 점처럼 보일 정도다. 그래서 우리에게는 새로운 용어가 필요하다.

내 제안은 **경계동물**이라는 개념이다.[16] 우리에게는 반려동물도 야생동물도 아니지만 인간과 공존하며 살아가는 존재들을 나타낼 새로운 용어가 필요하다. 무엇보다 경계를 지워버리는 순간 우리는 그 경계에 놓인 존재들에게도 오직 양자택일만을 강요하게 된다. "그대, 반려동물이 될 텐가, 아니면 영원히 도망쳐야 하는 삶을 살 텐가?" 여기엔 제3의 길, 공존이란 선택지가 없다. 영원히 갇힐 것인가, 아니면 영원히 도망칠 것인가?

어떤 의미에서, TNR은 경계를 인정하는 법적 수단이다. 실제로 그 효과가 무엇이든, TNR은 길고양이에게 더는 도망치지 않아도 되는 삶을 제안한다. 말하자면, 시민권을 부여한다. 그런 의미에서 TNR은 중요하다. 내가 예시로 든 건 비둘기와 너구리뿐이지만, 실제로는 수많은 경계동물이 우리와 공존하고 있다.[17] 우리는 어떻게 그들을 소중한 타자로 받아들일 것인가? 어떻게 우리와 같은 시민권을 부여할 것인가?

2021년 7월 14일 서울특별시 동대문구
청량리동. 이 사진은 왠지 모르게 일에 지친
청계천 여성 노동자를 떠올리게 한다.
삼색 고양이는 대부분 암컷이라고 한다.

1 2021년 9월 23일 서울특별시 동대문구 제기동.
2 2024년 7월 11일 부산광역시 영도구 영선동4가.
3 2024년 9월 14일 서울특별시 영등포구 문래동.
4 2021년 7월 22일 서울특별시 동대문구 제기동.

2021년 7월 26일 서울특별시
고양이마을(가명).

Ⅱ

두 번째 미로
TNR은 얼마나 과학적인가?

1.

첫 번째 매듭:
TNR은 불확실한가?

아마도 지금쯤 당신은 이렇게 말할지도 모르겠다. "그래, 네가 어떻게 길고양이에 관심 갖게 됐는지도 알겠고, 어떻게 과학기술학에 입문했는지도 알겠고, TNR이 중요한 문제라는 사실도 알겠다. 하지만 정작 중요한 사실은 그게 아니지 않나, 그래서 TNR은 효과가 있는 게 맞나? 그것부터 얘기해라!" 그렇다. 결국 TNR의 실효성이 모든 이야기의 핵심이란 사실을 부정할 수는 없다. 하지만 **고르디우스의 매듭**을 그냥 잘라버릴 수는 없다. 우리에게 주어진 유일한 방법은 매듭의 양 끝을 찾아 하나씩 풀어나가는 것이다. 매듭을 풀기에 앞서 매듭 그 자체를 조금씩 더듬어보자. 정부는 TNR에 얼마나 큰 비용을 들이고 있을까?

농림축산식품부 산하 기관인 농림축산검역본부가 2024년 발표한 〈2023년 반려동물 보호·복지 실태조사 결과〉를 살펴보자(이 조사는 〈동물보호법〉 제94조에 따라 이뤄진다. 요컨대, 이 또한 하나의 법적 행위다). 이 조사에 따르면, "지자체가 도심지나 주택가에서 자연적으로 번식하여 자생적으로 살아가는 고양이 개체수를 조절하기 위한 길고양이 중성화사업은 전년(10만 4천 마리)보다 16.4% 증가한 12만 2천 마리에 대해 시행"되었다. 소요 비용 또한 전년도 193.9억 원보다 32.9억 원(17.0%)이 증가한 226.8억 원이 되었다. 기존에 내가 갖고 있던 자료와 새롭게 발표된 이 조사 자료를 합하면, 최근 6년(2018~2023) 동안 이뤄진 TNR 개체수는 〈그림 2-1〉과 같다.

쉽게 알 수 있을 테지만, 그럼에도 그래프를 요약하면 다음과 같다. 갈수록 더 많은 길고양이가 중성화되고 있고, 그만큼 비용도 급증하고 있다. 2018년 67.9억 원을 들였던 길고양이 중성화사업은 이제 226.8억 원이라는 천문학적인 액수를 쏟아붓는 사업이 되었다. 이렇게 큰 비용을 들이는 사업인 만큼 그 효과도 당연히 있어야 하지 않겠나? 다시 말해서, TNR은 검증된 지식이고 또한 과학적이어야 하지 않겠는가? 아무리 양보하더라도, 많은 사람이 그렇게 믿어야 하지 않겠는가?

우선 뉴스를 찾아보자. 네이버 뉴스에 'TNR 효과'로 검색하니, 많은 기사가 떴다. 당연(?)하게도, TNR 덕분에 길고양이 수가 많이 줄었다는 보도자료가 여럿 보인다. 이런 보도자료를 활용한 길고양이 보호단체들의 보도자료도 보인다. 하지만 정반대되는 기사들도 보인다. 몇 개 예시를 들어보자. 가장 먼저 눈에 들어오는 건, 2024년 7월 5일 자《경향신문》기사다. 이 기사

〈그림 2-1〉 TNR 사업 개체수 및 운영비용(2018~2023)

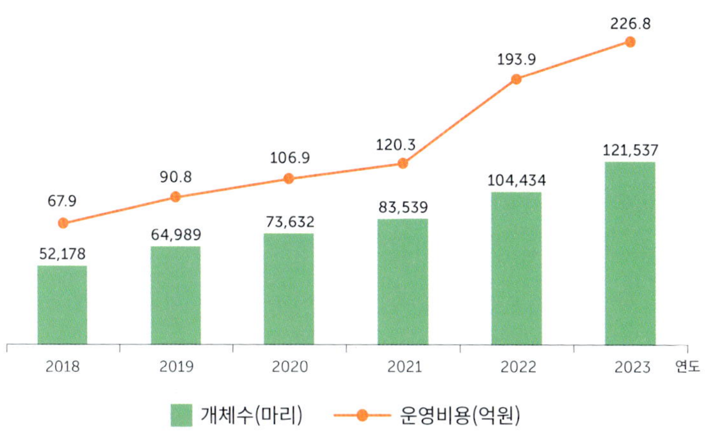

는 서대문자연사박물관, 서울시립과학관, 국립과천과학관 등 국내 여러 과학관 관장을 역임한 이정모 관장이 작성했다. 이 기사에 따르면, "고양이가 멸종시킨 동물은 33종에 달한다". 하지만 우리에게 중요한 내용을 찾으려면 조금 더 글을 내려야 한다. "TNR 정책을 10년 넘게 펼쳤지만 효과가 없었다. 개체수 저감 효과는 단기간에 그쳤고 곧 회복되었다. TNR 정책이 성공을 거두려면 길고양이 75% 이상이 불임 수술을 받아야 하는데, 이것은 애당초 불가능한 일이다."

자, 다음 기사를 보자.[2] 이 기사는 〈① 외국은 임신묘도 수술, 태어나면 더 고통〉과 〈② 세금 지원 중단하면 갈등 줄어들까〉, 이렇게 두 기사로 발표됐다. 지금 우리 논의와 관련된 내용은 두 번째 기사에 있다. 기사가 인용한 대한수의사회 관계자는 "군집에 있는 고양이들이 75%가 중성화 수술이 돼야 효과"가 있기 때문에 "중성화 대상을 고르는 조건이 지금처럼 까다로우면 번식 속도를 따라잡지 못할 것"이라고 말한다. 더불어 이 기사에 따르면, "일각에서는 정부 차원의 중성화사업을 중단해야 한다는 주장"이 제기되고 있으며, "중성화사업이 점점 커지면서 관여하는 사람들이 권력화되고 개체수 조절이라는 본래의 취지를 잃어가고 있다"라는 주장도 제기된다.

두 개로는 아쉬우니, 두 개만 더 이야기해보자. 아래 두 기사는 TNR의 실효성 문제뿐만 아니라 우리가 처한 상황 그 자체를 잘 요약한다. 한 기사는 광주광역시의 TNR 실효성 논란을 다룬다.[3] 이 기사에 따르면, "광주시와 5개 자치구가 매년 예산을 들여 길고양이 중성화사업(TNR)을 진행하고 있지만 성과를 입증할 만한 자료조차 없어 실효성 논란이 일고 있다". 이 기사는 문제의 핵심을 정확하게 가리킨다. TNR의 실효성이 문제가 되는 가장 핵심적인 이유는 무엇인가? 그 효과를 정확히 측정할 방법이 모호하기 때문이다. 구체적으로는, 실효가 있다는 그 자료 자체를 신뢰하기 어렵기 때문이다. 우리는 잠시 후에 이 문제를 다시 다룰 것이다.

또 다른 하나는 〈길고양이 중성화 'TNR사업', 효과 있으려면?〉이라는 제목의 좀 더 온건한(?) 기사다.[4] 기사는 앞에서 지적한 내용을 다시 한번 말하면서 시작한다. "군집별로 70% 이상 중성화"가 필요하지만, "진행되고 있는 중성화율은 해당 기준에 한참 못" 미친다. 하지만 더 흥미로운 내용은 그다음이다. "그러나 현재까지 TNR 외에 다른 대안"은 없다. 그렇다. 우리에게 더

 길냥이로 사회학 하기

나은 대안은 아직 없다. TNR이 효과가 없다고? 그렇다면 대안을 말해보라. 우리 모두 알다시피, 대안 없는 비판은 때때로 무의미해 보인다.

그렇지만 나는 TNR이 틀렸다고 말할 수도 없다. 내가 과학자도 아니지 않은가? 그렇다고 TNR이 효과가 있다고 생각하냐면, 그것도 잘 모르겠다. 아직 그 효과를 체감하지 못하기 때문이다. 그럼 어쩌자는 건지 묻는다면, 내가 뭘 어떻게 하겠는가? 말했듯이, 나는 과학자도 아니고 새로운 대안을 만들 능력도 없다. 내가 할 수 있는 일이라고는 그저 더 혼란스럽게 만드는 것뿐이다. 그러니까 생각해보자. TNR은 어쨌든 과학자라고 할 수 있는 수의사들이 옹호하는 주장 중 하나 아닌가? (물론 그들 사이에도 분명한 의견 차가 있다.) 그렇다면 TNR도 어쨌든 과학이 아닌가? 그런데 왜 이렇게 혼란스러울까? 왜 누구는 옳다고 하고, 누구는 틀렸다고 할까? 과학적으로 연구했다면, 명확한 결론이 나와야 하는 것 아닌가? 왜 현실은 그렇지 못한 걸까? 과학기술학은 수십 년간 이 문제를 다뤄왔다. 하지만 난 **과학적 불확실성**이라는 골치 아픈 주제를 미리 꺼낼 생각은 없다. 독자들은 이미 머리가 아플 테니 말이다. 적당한 때에 이 문제로 다시 돌아오자.

두 번째 매듭:
TNR 과학의 연결망

앞에서 봤듯이, TNR에 찬성/반대하는 많은 주장이 있다. 하지만 당신이 원하는 이야기는 뉴스를 정리한 글 따위는 아닐 것이다. 아마도 당신은 말할 것이다. "언론 기사에서 찬반이 갈린다는 사실은 나도 이미 알고 있다. 하지만 그들은 전문가도 아니고 더욱이 자기한테 맞는 증거만 가져오지 않는가? 그러니까 그들 말을 믿을 수는 없다. 전문가들, 그래, 과학자들은 뭐라고 말하는가? 그들의 이야기를 들려줘라." 물론 나는 "그 언론 기사 중엔 과학자들의 주장이 언제나 포함되어 있습니다"라고 냉소적으로 말할 수도 있다. 하지만 독자들이 무엇을 원하는지 나도 잘 알고 있다. 그러니까 이번에는 과학자들이 어떻게 말하는지 들어보자. 이번에는 **고르디우스의 매듭**을 풀 수 있을까?

이 답을 찾기 위해 오스트레일리아 머독대학교의 연구

자 마이클 칼버Michael Calver와 패트리샤 플레밍Patricia Fleming이 쓴 2020년 논문을 출발점으로 삼자.[5] 논문 제목은 다음과 같다. 〈길고양이 연구에서 나타나는 인용 네트워크의 증거: TNR 문헌을 이용한 사례 연구〉. 두 연구자는 과학자들도 사람이기 때문에 자기 가설을 옹호하는 연구는 받아들이고, 그렇지 않은 연구는 부정하는 편견이 있을 수 있다고 말한다. 따라서 TNR을 찬성/반대하는 연구자들 사이에 서로 다른 인용 관계가 나타날 것이다. 하지만 우리에게 더욱 중요한 사실은 두 연구자가 TNR 인용 네트워크를 연구하기 위해 아주 많은 논문을 정리해놨다는 사실이다.

칼버와 플레밍이 관련 논문을 정리한 방법은 다음과 같다. 먼저, 두 연구자는 논문 플랫폼 'WoSSC Web of Science Core Collection'[6]에서 'trap neuter release' 'trap neuter return', 또는 'trap neuter vaccinate'를 검색해 2002년부터 2020년 1월 13일까지 발표된 논문 162편을 찾아낸 후 관련도가 낮은 17편을 제외한 총 145편의 논문을 분석했다(〈그림 2-2〉). 그 외에도 각 논문이 TNR에 어떤 입장을 취하는지 분석해놓아, 우리에게 아주 유익한 정보를 제공한다.

두 연구자는 각 논문의 입장을 세 가지(긍정·중립·부정)로 구분하고, 이를 다시 오픈액세스Open Access, OA/비非오픈액세스로 구분했다. 오픈액세스 논문이란, 유료로 이용해야 하는 일반 논문과 달리 무료로 이용할 수 있는 논문을 말한다. 따라서 오픈액세스 논문이 일반 유료 논문보다 이용될 가능성이 높을 것이다.

〈표 2-1〉 TNR 관련 논문의 TNR에 대한 태도

TNR에 대한 태도	오픈액세스	비非오픈액세스	총계
긍정적	26	42	68(46.9%)
중립	8	46	54(37.2%)
부정적	2	21	23(15.9%)
총계	36(24.8%)	109(75.2%)	145(100%)

출처: Calver & Fleming(2020: 14).

총 145편의 논문을 조사한 결과, 긍정 논문 68편, 중립 논문 54편, 부정 논문 23편으로 나타났다(〈표 2-1〉). 이렇게 보면 입장 간 격차가 꽤 유의미해 보이지만, 결과를 비오픈액세스 논문으로 한정했을 때는 그 격차가 상당히 줄어들었다. 이를 토대로 칼버와 플레밍은 "상반된 의견들이 표출되고 있다"라고 결론지었다.[7]

칼버와 플레밍은 분명히 유익한 정보를 제공하지만, 4년 전 연구를 그대로 받아들이기엔 뭔가 찜찜하다. 과학 연구가 빠르게 변한다는 점을 생각하면 더더욱 그렇다. 그래서 나는 두 연구자가 제시한 방법을 토대로 TNR 연구의 최신 동향을 조사해봤다. 두 연구자와 마찬가지로 나는 'WoSSC'를 이용하되, 검색어로 'trap neuter'만을 사용했다. 칼버와 플레밍이 사용한 세 검색어 모두 'trap', 'neuter'를 포함하기 때문에 굳이 검색어를 나눌 필요가 없어 보였다. 그 결과, 102편의 논문이 검색되었다. 2024년 8월 31일 기준 16편(2020), 22편(2021), 24편(2022), 28편(2023), 12편. 물론 여기에는 우리의 논의와는 관련성이 낮아 보이는 여러 연구도 포함되었다.[8]

길냥이로 사회학 하기

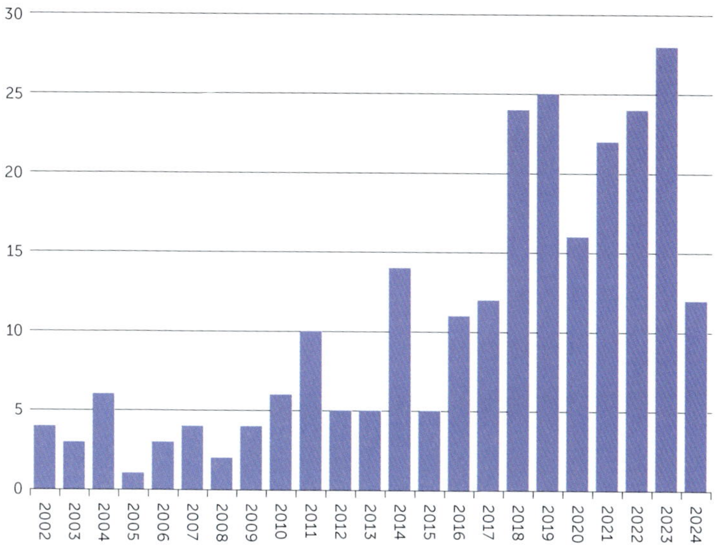

그러나 나는 분석 과정에서 칼버와 플레밍의 분석 방식이 거의 쓸모가 없다는 사실을 깨달았다. 그 이유는 많은 연구가 이미 선행연구를 **기정사실**로 받아들이고 있기 때문이다. 예를 들어, 공동체 참여가 TNR 효과에 미치는 영향을 연구한 논문을 보자.[9] 이 논문은 당연히 TNR을 옹호하는 논문이 될 것이다. 하지만, 또한 당연하게도, (공동체 참여가 효과에 긍정적인 영향을 미치든, 아니면 부정적인 영향을 미치든) 이 논문은 TNR이 실제로 효과가 있는지에 대한 어떠한 통찰력도 줄 수가 없다. TNR 효과를 실제로 연구하지 않았기 때문이다. 오직 그렇게 주장하는 선행연구들을 기정사실로 받아들이고 인용하고 있을 뿐이다.

다른 예를 들어보자. 다른 한 논문은 일반적인 옹호 논문과 마찬가지로 기존 논문들을 인용하면서 안락사는 효과가 없고 오직 TNR만이 효과가 있다고 말한다.[10] 무엇보다 스페인 수의사들이 광범위하게 TNR을 지지하고 있다! 하지만 스페인 수의사들이 광범위하게 지지한다는 논거는 TNR의 실효성을 증명하는 근거가 될 수는 없다. **과학적 사실이 다수결은 아니지 않은가?** (그러나 이 주장은 생각만큼 단순하지 않다.) 실효성을 주장하는 사람들 못지않게 실효성을 부정하는 연구자들도 많다는 사실을 이미 우리는 알고 있다. 그러나 이들은 부정적인 연구를 반박하는 새로운 연구를 하지 않았고, TNR의 실효성을 보여주는 새로운 연구를 수행하지도 않았다. 그럼에도 이들의 연구는 옹호 논문으로 분류될 것이다.

그 반대 경우도 마찬가지다. 한 논문은 "답보 상태에서 벗어나기 위해 보전 과학자들이 TNR 또는 그 변형인 TNRM[TNR-Manage]이 …… 고양이 관리 계획의 일환으로서 유용할 수 있음을 인정하는 것이 특히 도움이 될 수도 있다"라고 주장한다.[11] 이 논문은 도시에서는 TNRM이, 교외나 마을 단위에서는 TNR이, 야생이나 보호구역에서는 살처분[culling]이 적합하다고 말한다. 물론 그 근거는 선행연구들이며, 이 논문은 단연코 옹호 측으로 분류된다. 이 논문에도 당연히(?) 비판 논문이 발표되었다.[12] 예컨대, 렙치크와 그 동료들은 그들이 "보전과 관련된 몇 가지 핵심 정보를 축소하거나 놓치고 있다"라고 비판한다. 그들은 "기존 지식을 최소화하고 문헌을 선별함으로써 길고양이 문제와 관련된 보전

길냥이로 사회학 하기

및 관리 노력을 혼란스럽게 만든다".[13] 요컨대, 선행연구를 충실히 다루고 있지 못하다.

이상의 결과를 정리하자면, TNR 연구는 대부분 실효성을 직접 확인한다기보다 선행연구를 충실히 복제하고 있을 뿐이다. 따라서 그 연구들이 아무리 많다 한들, TNR의 실효성과 관련해 어떤 과학적 기여도 하지 못한다고 말할 수 있다. 바꿔 말하면, 칼버와 플레밍이 했던 대로 TNR 논문들의 찬성·중립·반대 여부를 분류하는 작업은 일견 수학적·객관적·계량적인 것처럼 보이지만, 실제로는 이 문제에 대한 어떤 통찰도 주지 못한다.

따라서 다른 방식을 취해야 한다! 그 방법은 실제로 연구자들의 논쟁을 조심스럽게 따라가보는 것이다. 흥미롭게도, 우리는 결과적으로 칼버와 플레밍이 주장한 인용 **네트워크**로 되돌아온다(내가 왜 네트워크를 강조하는지는 책의 막바지에 밝혀진다). 왜냐하면 그들이 서로의 급소를 노리는 열전hot war(상대 네트워크의 핵심 연구를 무너뜨리기 위한 공격적 연구)이 아닌 세력 불리기 식의 냉전cold war(선별적 인용을 통한 네트워크 확장)을 벌이고 있기 때문이다.

세 번째 매듭:
과학적 국지전

TNR 논쟁을 분석하기 위해 우리는 의도적으로 과학자들에 초점을 맞춘다. 비전문가-활동가 단체도 분명히 중요하지만, 우리에게 더 중요한 사실은 TNR이 과학 지식으로서 어떤 지위를 확보했는가다. 무엇보다 비전문가 단체들은 직접 연구를 수행하기보다 자기 믿음에 따라 과학 연구를 취사선택할 가능성이 있다고 여겨진다. 또한, 과학 지식은 반드시 그렇지는 않지만, 하향식top-down일 가능성이 높아 보인다(즉, 과학 지식은 과학자로부터 만들어져 비전문가들에게 전파된다).

여기서 나는 2019년부터 2020년까지 과학 논문 지면을 통해 이뤄진 과학자 논쟁을 다룰 것이다. 첫 번째 논문은 ① 크로퍼드, 칼버, 플레밍(이하 크로퍼드와 두 동료)의 TNR 비판,[14] 이 논문을 비판하는 ② 울프와 그 동료들의 논문,[15] 그리고 여기에 다시 응답한 ③ 칼버, 크로퍼드, 플레밍(이하 칼버와 두 동료)의 논문[16] 그리고 울프와 그 동료들을 비판하는 ④ 리드와 그 동료들[17]의 논문이다. 먼저, ① 크로퍼드와 두 동료가 발표한 논문을 보자.

크로퍼드, 칼버, 플레밍: 고양이를 가방에서 꺼내다

2019년 4월, 크로퍼드와 두 동료가 쓴 논문이 동물학 및 수의학 학술지 《애니멀스Animals》에 발표되었다. 문자 그대로 직역하면 "고양이를 가방에서 꺼내다"라는 의미지만, "무심코 비밀을 누설하다"라는 의미를 가진 숙어("Let the cat out of the bag")를 제목으로 사용한 이 논문은 부제 그대로 "TNR이 길고양이 관리를 위한 윤리적 해결책이 될 수 없는 이유"를 설명한다. 이 논문은 동료심사peer-review를 채택하는 영향력 있는 오픈액세스 저널 《애니멀스》에 발표되었다.[18]

크로퍼드와 두 동료에 따르면, "TNR 프로그램의 성공은 시간에 따라 고양이 군집colony이 소멸하거나 감소한다는 사실을 입증하는 데 달려" 있지만, "발표된 TNR 논문 중 오직 11편만이 초기 개체수(즉, TNR 프로그램을 시행하기 전 또는 시행했을 때 개체수)와 TNR 시행 이후 개체수를 제시할 뿐이다". 연구자들은 TNR 프로그램을 통해 성공적으로 길고양이 개체수를 감소시켰다고 주장하는 논문 중 비교적 객관적·계량적 데이터를 제시하고 있는 논문 11편을 꼽은 후에 그 데이터들을 간결하게 정리한다. 그 결과는 다음과 같다.

고양이 수를 감소시키는 데 '성공'했다고 말하는 일부 연구의 주장은 TNR 프로그램이 효과가 있다는 증거로 해석되어왔다. 하지만 이들 연구에서 길고양이 수를 평균적으로 감소시킨 요소, 즉 TNR의 눈에 띄는 '성공'에 분명하게 기여한 요소는 길고양이 입양이었다. TNR 옹호자들은 군집 크기를 줄이는 데 높은 입양 비율이 요구되며, 군집이 소멸할 가능성 또한 낮다는 점을 점점 더 인정하고 있다.[19]

이 같은 결론의 가장 흥미로운 해석은 곧바로 이어진다.

하지만 고양이가 입양되면, TNR 군집이 예방한다고 가정한 바로 그 '진공 효과'가 생겨난다. 또한, 입양이 계속되면, 군집은 영구적 유동 상태에 놓이게 된다. 따라서 이론 대 현실에서 **TNR의 과학적 원리는 근본적으로 상충**된다.[20] (강조는 필자)

다시 말해서, 입양은 TNR에 필수적이지만, 그것은 TNR의 기본 원리인 그 "진공 효과"와 모순된다. 더욱이,

11편의 TNR 연구 모두 새로운 고양이들이 군집에 들어왔다고 보고했다. …… 따라서 이들 연구는 군집이 폐쇄군 closedpopulation이 아니며, '안정적인 군집'의 정의 또한 TNR 관리자들에 의해 느슨하게 해석된다는 사실을 입증한다. 또한, 진정한 안정화는 이주 고양이를 계속해서 중성화하는 데 달려 있으므로 꾸준한 재원이 요구된다. 이들 연구 중 오직 소수만이 TNR 프로그램을 운영하는 데 들어간 비용과 노동력을 보고하므로, 개체군 크기를 변화시키는 데 얼마나 큰 비용을 들여야 하는지 확인할 수가 없다. 이들 연구를 보면, 관리 중점은 종종 진술되지 않고 목표 수치도 결여하며, 시간에 따른 개체수 변화를 계산하는 방법도 모호하다. 이처럼 기준선을 세우는 TNR 연구의 필요성은 아무리 강조해도 지나치지 않다. 견고한 실험 설계를 통해 프로그램 코디네이터들이 장기 관리를 위한 시간 및 노동 계획을 세우고 잠재적 문제들을 찾아낼 수 있기 때문이다. …… 통제된 실험 설계는 TNR의 효과를 평가하기 위한 가장 강력한 도구가 될 수 있지만, 그럼에도 그러한 연구는 매우 부족하다.[21]

이렇듯 TNR 프로그램의 실효성을 평가절하한 크로퍼드와 두 동료는 가정적 상황을 통해 다음과 같이 안락사를 정당화한다. 현재 얼마나 많은 길고양이가 안락사되고 있는가? 만약 안락사가 없어진다면, 그 수만큼 길고양이는 늘어날 것이다. 과연 그 수를 감당할 수 있는가? 더욱이 TNR은 숫자를 줄이는 데 오랜 시간을 요구하지 않는가? 앞선 11편의 연구는 안락사가 함께 이뤄질 때 개체수 감소 효과가 더 크다는 사실도 보여준다. 다음

〈표 2-2〉 길고양이 복지 및 윤리와 관련된 10가지 도전

1. **TNR 관리를 받는 고양이들은 어디에서 살게 될까?** 많은 TNR 고양이는 사유지 뒤뜰과 공공장소(예를 들어, 학교)에서 살고 있지만, 오스트레일리아나 해외에서 매년 안락사되는 고양이들을 구하기 위해서는 도시 환경에 더 많은 공간이 필요할 것이다.

2. **TNR은 고양이에게 큰 스트레스를 줄까?** TNR은 단기적으로 큰 스트레스를 주며, 연구는 부족하지만, 장기적으로도 그럴 가능성이 있다. TNR 스트레스는 중성화의 잠재적 이익 때문에 간과되는 경향이 있다.

3. **TNR 고양이들은 더 많이 다치게 될까?** 도시 환경은 고양이들에게 더 위험하다.

4. **길고양이들은 높은 기생충 부하[*]와 질병에 취약한가?** 전 지구적으로, 길고양이들은 높은 기생충 부하 및 질병에 시달린다. 따라서 TNR 고양이는 다른 길고양이, 집고양이, 야생동물, 인간 등에게 잠재적으로 기생충과 질병을 옮길 수 있다.

5. **TNR 고양이의 기생충과 질병은 치료될 수 있는가? 그렇다면 비용은 얼마나 드는가?** 길고양이의 기생충과 질병을 효과적으로 치료하기는 어려우며, 기생충 약이나 백신 접종은 의문의 여지가 있을 뿐 아니라 비싸다.

6. **TNR 고양이는 건강 상태가 나쁜가?** 분명한 신체적 증상 없이도 건강은 나쁠 수 있으며, 이는 길고양이 건강과 복지를 단기적·장기적으로 위태롭게 한다.

7. **TNR 고양이는 무엇을 먹을까?** 군집 돌보미가 규칙적으로 사료를 제공하더라도, TNR 고양이가 인간이 배출한 쓰레기를 뒤지지 않도록 할 수는 없다. 그리고 이런 쓰레기들은 언제나 좋은 영양분을 제공하지 않으며, 단기적·장기적으로 고양이의 건강을 위태롭게 할 수 있다. 이를 막기 위해서는 군집에서 쓰레기를 제거하는 등 돌보미들의 추가적인 노력이 필요하다.

8. **도시에서 TNR은 사람들에게 영향을 미칠까?** 길고양이들은 잠재적으로 질병을 빠르게 확산시킬 수 있다. 따라서 그 가능성은 능동적인 위기관리를 요구한다. 길고양이는 또한 자주 민원을 발생시키며, 중성화만으로는 이를 예방할 수 없다.

9. **TNR은 집고양이에게 영향을 미칠까?** TNR 고양이는 싸움, 질병, 위협을 통해서 집고양이의 건강과 복지를 위태롭게 할 수 있고, 집고양이보다 TNR 고양이를 우선시하면 공동체의 갈등으로 이어질 수 있다.

10. **TNR은 도시 야생에 영향을 미칠까?** TNR은 도시 야생동물의 복지와 지속성을 위태롭게 한다. 야생동물이 위협받는 곳에서 군집을 유지하는 행위는 무책임한 행동이다.

출처: Crawford, Calver, & Fleming, 2019: 21, 일부 발췌

[*] 기생충 부하란 숙주 유기체가 가지고 있는 기생충의 수와 독성을 측정한 것을 말한다.

으로, 크로퍼드와 두 동료는 TNR이 상당한 재정, 시간, 인력을 요구한다는 점을 다시 역설하고 이처럼 장기적인 투자가 요구되는 TNR 프로그램을 일반 시민이 계속해서 떠맡기는 어렵다고 주장한다. 돌보미caretaker가 장기간 안정적으로 유지될 수 없다면, TNR 또한 안정적으로 유지되기 어려울 것이다.

이렇듯 TNR의 실효성과 현실적 가능성을 약화시킨 크로퍼드와 두 동료는 "길고양이의 장기적 복지와 더불어 TNR을 시행하는 윤리, 사회, 공중보건, 환경 영향을 고려"해야 한다고 주장한다.[22] 이를 위해, 연구자들은 10가지 도전을 제시한다(〈표 2-2〉). 마지막으로 크로퍼드와 두 동료는 TNR을 대신해 다음과 같은 대안을 제안한다. ① 규제 및 입법: 의무 중성화, 등록제, 외출고양이 규제, 재산에 따른 고양이 양육 제한, ② 입양 증진, ③ 무계획적인 고양이 번식 금지, ④ 종합적holistic인 미래 투자.

크로퍼드와 두 동료가 제시하는 문제들은 분명히 우리가 생각해볼 만한 질문들이다. 물론 이 시점에서 이들의 주장을 받아들여 "그러니까 TNR은 틀렸다!"라고 주장한다면, 그것 또한 불공평한 일일 것이다. 더욱이 TNR 논쟁은 아직 끝나지 않았다! 따라서 나는 이에 대한 반론도 따라갈 예정이다. 그럼에도 크로퍼드와 두 동료는 어려운 문제들을 우리에게 제기한다. 예를 들어, 통제된 실험의 문제는 어떠한가? 우리는 TNR을 실제로 통제된 상태에서 실험할 수 있을까? 통제된 실험이 가능하다면, 그 실험은 현실에 얼마나 적용할 수 있을까? 아니면, 현실에 적용할 수 있도록 **과학 외의** 노력을 기울여야 할까? 길고양이 입양은 정말 TNR의 '진공 이론'*과 모순될까? 만약 그렇다면, 우리는 어떤 입장을 취해야 할까?**

울프와 그 동료들: TNR이 윤리적 해결책인 이유

5개월 후 울프와 그 동료들은 크로퍼드와 두 동료를 비판하는 반박 논문을 동일한 학술지에 발표했다. 울프와 그 동료들에 따르면, 크로퍼드와 두 동료는 "이용가능한 과학적 증거와 상충하는 TNR 반대 입장을 제시하며, 오스트레일리아에서 TNR 효과를 시험해서는 안 된다는 잘못된 결론"을 도출했다. 여기에서 우리는 **과학적 근거**에 의거해 TNR에 반대했던 크로퍼드와 두 동료가 마찬가지로 **과학적 근거**에 의해 비판받는다는 점을 알 수 있다. 이들은 "TNR을 충분한 강도로 시행하면, 길고양이 수

*　이 글에서 진공 이론은, 한 영역에서 길고양이를 제거해도 다른 길고양이가 들어와 그 자리를 메꾼다는 '진공 효과'와 더불어 TNR 고양이는 다른 고양이의 유입을 막는다는 가정된 '수성 본능'을 포괄하는 용어로 사용했다.

**　크로퍼드와 두 동료가 제시한 10가지 도전은 도나 해러웨이Donna Haraway를 떠올리게 한다. 내가 느끼기에, 해러웨이는 목적론(우리와 동일한 생명이기 때문에 죽이거나 고통을 가해서는 안 된다는 입장)과 공리주의(동물에게 가하는 고통이 정당화되기 위해서는 그보다 큰 이득이 있어야 한다는 입장) 사이에서 경색된 동물 윤리가 나아가야 할 새로운 방향을 제시한다. 그 방향이란 구체적인 현실과 유리된 추상적 윤리들을 내세우는 것이 아니라 우리가 실제로 그들을 희생시킬 수밖에 없음을 인정하고 그들의 고통에 응답하는 구체적인 실천들을 일구는 것이다. 다음의 책을 보라. Donna Haraway, *When Species Meet*, University of Minnesota Press, 2007(한국어판: 《종과 종이 만날 때》, 정유미 옮김, 갈무리, 2022).

를 효과적으로 줄일 수 있음을 시사하는 강력한 증거가 있다”고
말한다. 이때 울프와 그 동료들은 두 논문을 참조하는데, 이 두
논문은 “수백 편의 참고문헌과 논문의 긴 양”에도 불구하고 크
로퍼드와 두 동료의 논문에는 등장하지 않는 자료들이다. (서로
다른 자료를 토대로 자기주장을 펼친다면, 어떻게 누가 옳은지 판가름
할 수 있을까?) 더욱이 연구자들에 따르면, 크로퍼드와 두 동료는
“본의 아니게, 오스트레일리아 도시에서 TNR을 대규모로 긴급
하게 시험해야 하는 이유를 잘 보여준다”.[23]

울프와 그 동료들은 TNR이 길고양이 수를 효과적으로 줄
일 수 있다고 주장한 다음 안락사 방식을 평가절하한다. 먼저,
“안락사는 안락사시키는 사람들의 정신 건강에 심각한 영향을
미친다”.[24] 더욱이, 안락사는 그동안 길고양이 개체수를 감소시
키지 못했다. 예를 들어, 8년 동안 지방정부가 포획한 고양이 중
무려 60%가 안락사되었지만, 포획되는 고양이 수는 사실상 변
하지 않았다. 그런 후에 울프와 그 동료들은 다시 한번, 안락사
와 달리 TNR은 입양 노력과 더불어 적당한 강도로 시행하면 길
고양이 수를 효과적으로 줄일 수 있다고 말한다(그러나 안락사 또
한 적당한 강도로 시행되지 않았던 것은 아닐까). 하지만 우리는 크로
퍼드와 두 동료가 이미 이 주장에 논리적 문제가 있음을, 즉 입
양 효과가 곧 ‘진공 이론’과 충돌할 수 있다는 논리적 문제를 제
기했다는 사실을 알고 있다. 따라서 울프와 그 동료들은 크로퍼
드와 두 동료가 제기한 문제에 답해야 한다.

울프와 그 동료들에 따르면,

실제로, 입양은 대부분 TNR 프로그램을 시작할 때 이뤄지며, 여기에는 새끼 고양이들이 포함된다. 이후에 입양은 대개 사회화된 이주 고양이들에 제한된다. 결과적으로 크기와 사회적 역학 측면에서, TNR을 실시한 후에 군집은 상대적으로 빠르게 안정화되는 경향이 있고, 그럼으로써 군집을 계속해서 관리하고 '진공 효과'를 최소화할 수 있다.[25]

요컨대, 울프와 그 동료들은 TNR 반대론자들이 "기준 조건"을 고려해야 한다고 말한다. TNR을 시행하기 전을 생각해보라. 여기 한 군집이 있다. 군집 내 길고양이들은 곧 짝을 짓기 시작한다. 얼마 지나지 않아, 새끼 고양이들이 태어나고 군집 내 개체수는 급격히 증가한다. TNR이 실시되는 시점은 바로 이 순간, 길고양이들이 급증할 때이다(고양이 수가 급격히 늘지 않는다면, 우리는 개입해야 할 필요성도 느끼지 못할 테니까). 그렇다면 초창기 입양과 새롭게 이주해오는 고양이의 입양은 불어난 고양이를 제거할 뿐 "기준 조건"(즉, 원래 있던 고양이들)을 제거하지는 않는다. 다시 말해서, TNR은 단지 과잉 개체수를 제거하기 때문에 진공은 발생하지 않는다. 따라서 전형적인 TNR 입양은 진공 효과를 불러오지 않는다. 훌륭한 디펜스 아닌가?

다음으로, 울프와 그 동료들은 상대 논문의 정확성을 평가절하하기 위해 노력한다. 우리는 앞서 크로퍼드와 두 동료가 언급하지 않은 두 논문을 제시함으로써, 울프와 그 동료들이 TNR 효과를 긍정했다는 사실을 알고 있다. 그뿐만 아니라, 크로퍼드와 두 동료는 "고양이 수를 2년 동안 30%, 5년 동안 50%가 감소했다는 사실을 입증한 오스트레일리아의 TNR 논문 2편을 언급하지 않았다".[26] 더욱이 언급되지 않거나 최근 발표된 다른 논문 4편도 TNR이 효과가 있다는 사실을 보여준다. 말하자면, 크로퍼드와 두 동료는 필요한 논문을 **선별적으로** 참조했다.

심지어 크로퍼드와 두 동료는 데이터를 제대로 다루지도 못했다! 예를 들어, 길고양이 개체수 감소율을 잘못 계산하기도 했으며, 1년짜리 연구를 2년짜리 연구로 말하기도 했고, 유입으로 증가한 길고양이 개체수를 마치 TNR 실패로 증가한 수치인 것처럼 평가하기도 했다. 즉, 크로퍼드와 두 동료는 기존 연구를 다루면서 TNR 효과를 과소평가했다.

이어서, 울프와 그 동료들은 핵심 문제로 제기된 길고양이의 공중보건상 위험에 대응한다. 연구자들은 앞서와 같이 "이미 고양이가 존재한다는 사실을 인정하는 것이 중요하다"고 말한다.[27] 요컨대, TNR은 공중보건 위험을 높이지 않는다. 오히려 TNR은 길고양이 수를 효과적으로 줄임으로써 공중보건 위험 또한 낮출 수 있다(그러나 이 전제는 우리가 계속 논쟁 중인 사안이다. 따라서 이 주장은 오히려 해결되어야 하는 **문제**일 뿐이다). 더욱이 진정한 공중보건상 위험은 고양이가 아니라 고양이를 안락사시켜야 하는 보호소 직원들의 정신 건강이다.

연구자들에 따르면, 크로퍼드와 두 동료는 비용 평가에서도 실수를 저질렀다. 크로퍼드와 두 동료는 TNR이 지나치게 큰 비용을 요구하기 때문에 실제로 그 비용을 계속해서 떠맡을 수 없

〈표 2-3〉 주제별 TNR 찬반 주장

	TNR 찬성	TNR 반대
기존 연구 및 데이터	기존 연구는 TNR의 효과를 증명함. TNR 반대는 비과학적인 주장.	기존 연구는 TNR의 효과를 부정함. TNR 찬성은 비과학적인 주장.
길고양이 감소 효과	입양과 더불어 충분한 강도로 시행하면 길고양이 수를 줄일 수 있음.	TNR의 성공은 거짓된 효과. 입양과 안락사의 효과가 더욱 크다.
윤리적 문제	길고양이를 죽이지 않을 수 있고, 보호소 직원의 정신 건강에도 긍정적.	방사된 길고양이는 해로운 환경에서 살게 됨. TNR은 오히려 비윤리적일 수 있음.
해결 방안	입양+TNR	안락사+입양+중성화+ 집고양이 외출 금지
비용	TNR 없는 입양은 보호 기간을 늘려, 더 큰 비용을 소요	TNR은 유지할 수 없을 만큼 비용이 큼. 책임을 져야 하는 개인들도 가변적임.
10가지 윤리적 도전	TNR 윤리에 관한 활발한 토론을 불러일으킬 수 있는 촉매제. TNR 자체가 비윤리적이지는 않음.	TNR이 비윤리적인 이유를 설명. 따라서 TNR을 해서는 안 됨.

다고 비판한 바 있다. 그러나 울프와 그 동료들은 대안으로 제시된 "입양"에 똑같은 비판을 가함으로써 그러한 비판을 희석하고자 한다. 연구자들에 따르면, 입양 비용은 TNR보다 더 큰 비용을 소모한다. 왜냐하면 입양 절차를 진행하는 과정에서 (상당한 비용을 요구하는) 보호소 기간이 길어지기 때문이다. 따라서 TNR이 비용적인 문제로 불가능하다면, 크로퍼드와 두 동료가 주장하는 입양 또한 비용적으로 불가능한 대안이다. (그러나 잘 생각해 보면, 입양에 비용 문제가 있다는 사실로부터 TNR을 시행할 수 있다는

길냥이로 사회학 하기

결론이 나올 수는 없다.)

크로퍼드와 두 동료가 "기준 조건"을 고려하지 않은 문제는 야생동물에 미치는 길고양이의 위험을 평가할 때도 분명하게 나타난다. 이미 길고양이는 밖에 있다! 따라서 고양이 수를 줄일 수 있는 모든 수단은 야생동물에 미치는 길고양이의 위험을 줄일 수 있다(하지만 TNR 자체는 미래의 길고양이 수를 줄일 뿐 현재의 길고양이 수를 줄이지는 못한다). 더욱이 크로퍼드와 두 동료는 길고양이가 도시 야생동물에게 미치는 영향을 보여주는 어떤 데이터도 명확하게 제시하지 않았다.

물론 두 진영은 이외에도 더 많은 갈등 지점을 보여준다. 난 단지 그중 일부를 보여줄 뿐이다. TNR 반대편의 재반론을 살펴보기 전에 지금까지 살펴본 논의들이 치열하게 대립하는 지점들을 정리하고 넘어가자(〈표 2-3〉).

칼버와 두 동료: 새로운 수렴?

칼버와 두 동료(즉, 크로퍼드와 플레밍)는 울프와 그 동료들의 반박에 어떻게 대응했을까? 세 연구자가 다시 함께 쓴 논문을 살펴보자. 연구자들은 먼저 두 진영의 공통 토대를 발견한다.

우리는 길고양이가 겪는 어려움을 무시할 수 없으며 길고양이가 유발하는 문제들이 완화되어야 한다는 점에서 울프와 그 동료들에게 동의한다. …… 많은 동물이 동물보호소에서 안락사되며, 그로 인해 관계자들은 고통받는다. 우리는 또한 중성화가 개체수 규제에 중요하다는 점에 동의한다. 우리는 길고양이가 야생동물을 사냥하고, 민원을 유발하고, 공중보건상 우려가 될 수 있으며, 건강 문제를 겪고, 야생동물 또는 집고양이에게 질병을 옮길 수 있음을 인정한다는 점에서도 울프와 그 동료들과 공통 토대를 갖는다고 믿는다. 따라서 무대책은 선택지가 아니다. 하지만 우리는 이런 위험들의 중요성을 평가하는 데 있어 다를 수 있다.[28]

요컨대, 양측은 길고양이가 실제로 문제를 일으킬 수 있으며, 따라서 해결책이 필요하다는 데 동의한다. 그렇다면 무엇이 다른가? 논문이 스스로 훌륭하게 요약하듯이, 그들은

TNR이 오스트레일리아에서 부적절하다고 주장한다. TNR이 길고양이 개체수를 빠르고 유의미하게 감소시킬 확률이 낮기 때문이다. 중성화된 길고양이를 환경으로 되돌리는 것은 그들의 복지에 부정적인 영향을 미칠 수 있으며, 야생동물 포식, 공중보건 위험, 불편, 그리고 길고양이가 야생동물과 반려묘에게 질병을 퍼뜨리는 문제 등을 완화하는 데에도 기껏해야 미미한 효과를 낼 뿐이다. 대신 우리는 길고양이를 중성화한 후에 환경에 되돌려보내지 않고 입양을 보내는 표적 입양 캠페인을 제안했다. 이것은 집고양이를 중성화하고 외출

하지 못하게 권장하는 교육 캠페인을 통해 보완될 수 있다. 이 시나리오에서 고양이는 오직 입양될 수 없는 경우에만 안락사된다. 울프와 그 동료들도 이런 방식의 입양을 지지한다. 다만, 그들은 돌봄제공자caregiver의 지원을 받아 입양될 수 없는 건강한 고양이들도 환경에 돌려보내자고 주장한다.[29]

내용을 조금 더 자세히 살펴보자. 울프와 그 동료들은 기준 조건을 이야기하면서, TNR 고양이를 환경에 되돌린다고 해서 개체수가 증가하지는 않는다고 주장했다. 따라서 개체밀도도 높아지지 않겠지만, 칼버와 두 동료는 그렇지 않다고 주장한다. 왜냐하면 개체"밀도는 인구와 영역의 함수인데, 따라서 밥자리에 고양이가 몰리면, 국소적 밀도는 증가할 것"이기 때문이다.[30] 요컨대, TNR을 하고 밥자리가 관리되면, 더 많은 고양이가 몰릴 테니, 개체밀도는 증가할 수밖에 없다는 것이다. 따라서 이 고양이들을 유지하기 위한 비용은 어마어마하게 커질 것이다. (여기에서 우리는 전체 평균 밀도보다 국소적 환경의 밀도가 중요하다는 암묵적인 전제도 확인할 수 있다.)

칼버와 두 동료는 중요한 논문 2편을 고려하지 않았다는 비판에도 효과적으로 대응한다. 즉, 울프와 그 동료들은 오해하고 있다. 왜냐하면 그들이 지적한 논문 2편은 분명하게 인용되고 있기 때문이다. 심지어 그중 한 편은 저자들이 정리한 표에 언급되고 있으며, 다른 한 편은 단지 선택 기준에 부합하지 않아 제외되었을 뿐이다. 말하자면, 두 논문은 TNR을 과대평가하고, 제거(즉, 안락사, 입양, 이주, 죽음 등)를 과소평가한다. 그렇다면 "TNR에서 보고되는 개체수 감소는 고양이를 환경에 돌려보내지 않고도 달성"할 수 있다.[31]

윤리적 문제에 대한 칼버와 두 동료의 대응을 보자. TNR은 고양이 개체수 과잉의 윤리적인 해결책인가? 칼버와 두 동료의 대응은 다음과 같다. 울프와 그 동료들은 TNR이 길고양이 삶을 더 긍정적으로 만든다고 주장하지만, 그것은 단지 길고양이에게만 초점을 맞췄기 때문이다. 집고양이와 다른 야생동물에게까지 그 영향을 확대해보라. 길고양이는 포식, 공중보건, 질병 전파, 민원 등 수많은 잠재적 위험을 갖고 있다. 따라서 칼버와 두 동료는 다음과 같이 묻는다. 이러한 위험이 있는데도 과연 TNR은 윤리적인가?

그러나 곧바로 칼버와 두 동료는 갑작스레 과학을 벗어난 이야기들을 다소 장황하게 펼쳐 놓는다. 예를 들어, 세 연구자는 여섯 가지 윤리적 입장을 구분하고, 길고양이의 생명권을 침해할 수 없다는 윤리적 주장의 문제점을 파헤친다. 조금 뜬금없는 전개이지만, 이 절의 마지막 문장은 핵심을 찌른다. 길고양이로 인한 "많은 문제는 중성화와 돌려놓기로 해결될 수 없다. 만약 울프와 그 동료들이 함축하듯이, 이러한 문제들이 유의미하지 않다면, 조치를 취할 필요가 어디에 있겠는가?"[32] 그렇다. 만약 길고양이가 일으키는 문제가 크지 않다면, 애초에 TNR을 해야 하는 정당성은 어디서 찾을 수 있는가?

하지만 놀라운 사실은 반대자들을 훌륭하게 물리친 마지막 순간에 세 연구자가 갑자기 마음을 바꾼다는 점이다. 이들은 갑작스럽게 **TNR을 옹호하기 시작한다!** 어떤 일이 있었던 걸까? 그들에 따르면, 두 가지 데이터가 그들의 마음을 움직였다. 하나는 오스트레일리아의 길고양이 문제에 관한 연구(또는 그것의 부족)이고, 다른 하나는 퀸스랜드의 생물안보biosecurity 계획의 결과이다. 전자에서 세 연구자가 의미하는 바는 다소 모호하지만, 후자에서 의미하는 바는 명확하다. 퀸스랜드 생물안보 계획은 2018년부터 2022년까지 적극적으로 길고양이를 제거했고, 결과적으로 실패했다! 즉, **제거 접근법은 실패했다.** 심지어 이들은 가설적인 TNR 설계까지 나아간다.

이 논문의 결론부는 상당히 혼란스럽다. 적의 공격을 훌륭하게 방어한 다음 상대방의 급소(TNR의 논리적 모순)를 정확하게 조준하지만, 갑작스럽게 평화적 휴전을 외친다. 정확한 이유는 알 수 없지만, 이들은 결국 **안락사**만으로는 본인들이 원하는 결과를 이룰 수 없다는 데 동의하기로 한 듯하다. 다른 한편으로, 조치는 시급하다.*

---

* 펀토비츠Silvio O. Funtowicz와 라베츠Jerome R. Ravetz는 본인들의 유명한 논문에서 '탈정상과학post-normal science'이란 개념을 제시했다. 이들에 따르면, 현재 우리는 탈정상과학적 상황에 직면해 있다. 요컨대, 사실은 불확실하고, 가치들은 경합하고, 위험은 높지만, 결정은 시급히 이뤄져야 한다.

칼버와 두 동료가 마음을 돌렸기 때문에 리드와 그 동료들이 쓴 논문은 오히려 흥미를 돋운다. 그들은 직접 논문을 쓴 칼버와 두 동료보다도 더 강경하게 울프와 그 동료들에게 대응한다. 이들의 주장은 명확하다. TNR이 윤리적 해결책이라는 주장에는 생물학적, 윤리적, 경제적 결함이 있다. 반면 안락사는 효과적이고, 인도적이며, 경제적이다. 그야말로 전방위적인 압박이 분명하다. 그렇다면 정확하게 무엇을 주장하는가?

(우리의 관심과 맞닿아 있는 주장들만 살펴보면) 리드와 그 동료들은 앞선 두 논문에서 언급되지 않은 새로운 논문들을 가져온다! 이 논문들에 따르면, 과학적 증거는 TNR이 효과가 없다는 데 더욱 무게를 싣는다. 반복되는 전개를 보라. "그렇다면 당신들은 이 논문은 왜 보지 않았습니까?" 리드와 그 동료들은 계속해서 말한다. "TNR이 효과가 있다는 그런 과학적 증거는 아직 없습니다."

하지만 엄밀히 말해서, 리드와 그 동료들은 "아직 없다"라고 말할 뿐 울프와 그 동료들이 제시한 증거들에 어떤 **과학적 결함**이 있는지는 말하지 않는다. 흥미롭게도, 연구자들은 다른 측면에서 그 사실을 인정한다. 그들은 안락사를 통한 현재의 길고양이 관리 방법이 "고양이 수를 크게 줄이지 못했다는 울프와 그 동료들의 주장에 대해 이의를 제기할 만한 증거가 없다"고 인정한다.[33] 물론 그대로 물러날 수는 없다. "그러나 우리는 고양이가 보호소에 들어오는 수가 반드시 길고양이 수를 측정하기 위한 좋은 지표가 된다고 생각하지 않으며, 오스트레일리아 보호소에 맡겨진 많은 고양이의 안락사가 길고양이 관리 실패의 원인이라는 주장에 강력히 반박"한다. 다음으로, 크로퍼드와 두 동료가 제안했던 표적 입양 방법이 TNR보다 비싸다는 울프와 그 동료들의 주장에 대해서도 리드와 그 동료들은 "본인들의 주장을 지지할 데이터나 문헌을 저자들[울프와 그 동료들]이 제공하지 않는다"라는 냉소적인 주장으로 대응한다. 다시 말해서, 리드와 그 동료들은 계속해 다음과 같이 말한다. "우리에게도 과학적 증거는 없지만, 당신들도 여전히 과학적 증거를 보여주지 못했다."

리드와 그 동료들이 제기하는 TNR의 생물학적, 환경적, 윤리적·사회적, 경제적 결함을 살펴보자. 생물학적 결함은 다음과 같은 세 가지로 요약된다. 불가능한 포획률, 짝을 방어하지 않음 lack of mate defense, 먹이를 지키지 않음. 첫 번째 결함은 자기 논리보다는 사실상 비교를 통해 정당화된다. "많은 중성화는 많은 포획을 의미한다. 하지만 그것은 불가능하다. 안락사도 마찬가지라고? 아니다. 안락사는 기껏해야 한 번만 포획해도 되지만, 영악하거나 학습된 고양이들은 쉽게 포획되지 않는다. 어떤 경우에는 포획조차 필요 없다." 두 번째 주장은 중성화된 고양이들이 발정 중인 암컷에게 다른 고양이가 접근하지 못하도록 막음으로써 중성화되지 않은 고양이의 번식률을 낮출 수 있다는 주장에 대한 반론이다. 이 문제는 현재 우리의 관심사와는 거리가 있기 때문에 논의에서 제외하겠다. 마지막으로, 리드와 그 동료들은 TNR 옹호자들의 주장과 달리 중성화된 고양이들이 먹이 자원을 지키는 데 관심이 없고, 따라서 다른 고양이의 이주를 막는 데도 큰 관심이 없다고 말한다. 즉, 진공 이론은 틀렸다!

다음으로, TNR과 관련된 환경적 결함을 보자. 먼저, 길고양이들은 질병 발생률을 높인다. 그 증거로 저자들은 관련된 두 논문을 참조한다. 다음으로, 길고양이가 야생동물에게 악영향을 미치지 않는다는 근거나 데이터는 없다. 마지막으로 고양이 사료 생산은 어업 자원에 악영향을 미치며, 그 자체로 쓰레기를 만들어낸다. 다소 과장된 마지막 주장을 제외하면, 앞의 두 주장은 TNR 반대 입장에서 계속 반복되는 문제 제기라고 할 수 있다. 그 자체로 치열한 논쟁이 벌어질 수 있는 질문들이지만, 저자들은 매우 짧게 비평할 뿐 아니라 앞선 두 연구자 집단과 비교하면 소수의 논문만 참조하고 있어 평가를 내리기가 어렵다. 그럼에도 찬/반 두 집단은 결국 다소 폐쇄적인 그들만의 인용 네트워크 속에서 연구하고 있는 것은 분명해 보인다.

윤리적·사회적 결함을 보자. 이들에 따르면, TNR은 고양이 유기dumping를 부추길 수 있다. (그러나 TNR과 유기가 정말 밀접한 상관관계가 있을까?) TNR을 뒷받침하는 "비살생no-kill" 이데올로기는 부족한 자원을 선의로 투자하는 사회 구성원들을 대상으로 한다. (그러나 단 한 줄의 문장만 있을 뿐 어떤 정당화도 더 뒤따르지 않는다.) TNR은 고통을 오히려 높인다. (그러나 더 고통 없는 **얽힘의 공간**을 만들 수는 없는 걸까?) 울프와 그 동료들에 대한 가장 큰 공격은 아마도 그다음이다. 그들의 논문에는 이해충돌이 있다. 울프는 비살생 이데올로기를 강력하게 지지하는 로비 그룹인 베스트 프랜즈Best Friends로부터 연구비를 받고 있기 때문이다. 그러나 마지막 주장도 우리의 관심과는 거리가 있다.

마지막은 더 간결하다. TNR은 결코 값싼 절차가 아니다. 더욱이 TNR을 경제적으로 분석한 동료 평가 연구는 아직 없다. 이전 두 논문과 비교하면, 리드와 그 동료들의 논문은 다소 빈약해 보이며, 연구 이전에 이미 결론이 정해져 있다는 생각이 들게 한다. 그런 인상을 주는 이유는 어쩌면 **네트워크** 때문일지도 모른다. 어쨌든 인용과 참조[34] 면에서, 리드와 그 동료들의 논문은 다소 빈약해 보인다. 앞서도 말했다시피, 네트워크의 문제는 적정한 때에 다시 다룰 것이다. 다양한 주장에도 불구하고 위의 논의들은 하나의 결론으로 이어지는 듯 보인다. 논쟁은 치열하고, 그 간극을 좁힐 기미는 보이지 않는다(물론 칼버와 두 연구자는 다소 마음을 바꿨지만). 그리고 이들은 각자의 인용 세계(네트워크)에 갇혀 작업하는 듯 보인다. 우리는 이 논쟁을 끝낼 **기계장치의 신** deux ex machina을 불러올 수 있을까?

4. 네 번째 매듭: 서울시 길고양이 서식현황 모니터

과학자들만큼은 정답을 알 수 있겠다고 생각했지만, 매듭은 쉽게 풀리지 않는다. 어떤 독자는 이렇게 말할 것이다. "과학이 어떻게 답이 없을 수 있나? 무엇이 정답인가? 이렇게 흐지부지한 결론은 있을 수 없다!" 이후에 말하겠지만, 과학은 실제로 그렇다. **과학적 기계장치의 신**을 찾기 위해 얼마나 많은 사람이 헌신했는지 여러분은 아는가? 그러나 유신론자들은 아직도 신을 발견하지 못했다. 그러니 조금만 더 인내심을 갖고 다음 매듭의 끝을 만져보자.

서울시는 길고양이 중성화사업을 가장 적극적으로 시행하는 지자체로서, 2015년부터 2년마다 길고양이 서식현황을 조사해 발표하고 있다.[35] 당연(?)하게도 2년마다 발표되는 이 보고서에 따르면, 서울시 길고양이 수는 **확연히 감소**하고 있다(〈그림

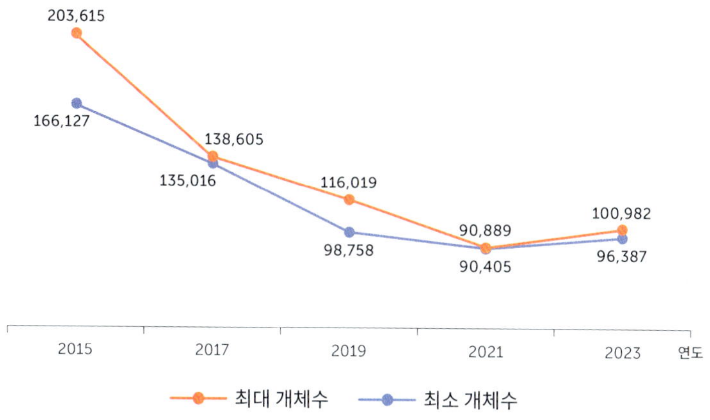

2-3〉)! 당신도 동의하는가? 만약 그렇지 않다면, 왜 그런 걸까? 찬찬히 이 보고서를 살펴보자.

2015, 2017, 2019, 2021, 2023, 다섯 개의 〈길고양이 서식현황 결과보고서〉를 살펴보면서, 처음으로 든 의문은 다음과 같다. 그 많은 길고양이를 어떻게 다 셀 수 있었을까? 어떤 과학적 기법을 사용한 걸까? 아니면, 수많은 인력을 동원한 걸까? 쉬운 질문부터 시작해보자. 보고서에 따르면, 모든 조사는 사람이 직접 현장에 가서 길고양이를 관찰하고, 직접 수를 세는 방식으로 이뤄졌다. 첫 조사가 오후 6시~9시에 이뤄진 사실을 제외하면, 나머지 네 번의 조사는 모두 해지기 3~4시간 전에 3시간 동안 이뤄졌다. 그 이유는 간단한데, ① 해가 지면 고양이를 육안으로 관찰하기 어려울 뿐 아니라, ② 조사자의 안전도 고려해야 하기

때문이다. 물론 우리는 이 같은 사실에서 첫 번째 의문을 제기할 수 있다. 과연 이 시간이 길고양이 활동 시간을 대변할 수 있는 가? 예를 들어, 길고양이는 유동 인구가 적은 심야에 활동이 더 잦지 않을까?

관찰 시간이 충분히 설득력 있다고 가정하더라도, 더 중요한 문제가 여전히 남아 있다. 요컨대, **조사자들은 어떤 지역을 관찰해야 하는가?** 서울시의 법정동[36]은 467개, 행정동은 426개[37]이다. 우리의 조사자들이 아무리 근면성실하다 할지라도, 모든 구역을 다 조사할 수 없다는 사실은 명백하다. 혹은 엄청난 인원과 비용을 들여야 할 것이다. (우리는 중요한 사실을 항상 기억해야 한다. TNR은 사회적 진공 상태에서 이뤄지지 않는다. 현실은 언제나 사회적·경제적·정치적·윤리적 기압으로 가득하다.) 그렇다면 문제는 다음과 같다. 전체를 대표할 수 있는 적절한 표본을 어떻게 설정할 수 있을까? 결론부터 말하면, 표본 설정은 쉽지 않다. 예를 들어, 2021년 보고서는 "군집을 이루고 사는 특징상 조사지역의 표본추출이 전체를 반영하는 데 한계"가 있다고 명시한다.[38] 2023년 보고서 또한 "군집을 이루고 사는 특징상 조사지역의 표본추출에 어려움이 있으며, 각 조사지역의 개체수가 전체 서울시의 개체를 대표하는 데 한계"가 있다고 인정한다.[39]

그렇다 하더라도 우리가 어떻게 조사자들의 노력을 **한계가 있다**는 말 한마디로 평가절하하겠는가? 그건 너무 부당하다. 그러니 이들이 적합한 표본을 골라내기 위해 얼마나 노력했는지 살펴보자. 비판은 그다음이다. 먼저 우리는 ① 조사지역이 점차

〈표 2-4〉 연도별 보고서 조사지 총수 및 기존 조사지의 연속성

	2013년	2015년	2017년	2019년	2021년	2023년
총 조사지	6	12	18	17	18	18
기존 조사지	-	6	10	17	17	18
신규 조사지	-	6	8	0	1	0

늘어났다는 사실을 확인할 수 있다. 6개(2013), 12개(2015), 18개 (2017, 2021, 2023). 특히 보고서들을 살펴보면, 각 조사가 이전 조사지역과의 연속성을 지키기 위해 노력했다는 점이 드러난다. 예를 들어, 2015년 보고서는 조사지역을 6곳에서 12곳으로 확장했는데, 2013년 조사지역 6곳을 모두 포함했다. 2017년 보고서에서는 조사 기준이 달라지면서, 2015년 보고서 조사지역 중 2곳(논현동, 독산동)이 제외되었지만, 이전 조사지역 중 10곳은 똑같이 포함되었다. 2019년 조사지는, 기존 조사지였던 둔촌동 주공아파트가 철거에 들어가면서 조사할 수 없게 되었지만, 이를 제외하면 2017년과 동일했다. 2021년 보고서는 둔촌동 대신 명일동을 조사지역으로 선정했으며, 나머지 17곳은 동일하게 유지했다. 마지막으로 2023년 조사지역은 2021년 조사지역과 동일했다. 이를 정리하면 〈표 2-4〉와 같다.

이처럼 이전 보고서와의 연속성을 최대한 유지하려 한 조사자들의 노력은 주목할 만한 미덕임이 분명하다. 물론 변화가 전혀 없지는 않았다(현실적으로도 매우 어려운 일이다). 따라서 우리는 표본을 더 섬세하게 정의하려는 조사자들의 노력을 칭찬하면서도, 그 노력을 비판적으로 이해해야 할 필요가 있다. 먼저, 조사지 수가 2배로 증가하는 2015년 보고서를 살펴보자. 이 보고서는 조사지역을 선정하기 위해 두 가지 전제를 가정한다. 가정 ①: TNR이 많이 된 지역일수록 길고양이 수가 적을 것이다. 따라서 보고서는 TNR 밀도(행정동별 면적당 TNR 건수)에 따라 행정동을 고밀도·중밀도·저밀도로 분류했다. 가정 ②: 아파트/비아파트 지역에 따라 고양이 수가 다르게 나타날 것이다. 따라서 보고서는 밀도별로 지역을 나눈 후 각 지역을 다시 아파트/비아파트 구역으로 나눠 조사했다. 그 결과, 총 12곳이 선정됐다. 둔촌동, 종암동, 청담동, 종로5·6가동, 흑석동, 상도동, 방이동, 청룡동, 중계동, 이문동, ~~논현동, 독산동~~(다음 보고서에서 제외되는 두 지역은 취소선으로 표시했다).

가정 ①에 따르면, 길고양이 개체수는 TNR 밀도에 따라 큰 차이가 나타날 수 있으므로 지역은 밀도별로 서로 다른 대표성을 띠어야 한다. 따라서 보고서는 저밀도·중밀도·고밀도 지역을 분류하고, 분류별로 표본을 선택했다. 요컨대, 서울시 전체 길고양이 수를 구하기 위해서는 다음과 같이 계산해야 한다.

추정되는 서울시 길고양이 수=(저밀도 지역 표본의 평균 밀도 × 저밀도 지역의 전체 면적) + (중밀도 지역 표본의 평균 밀도 × 중밀도 지역의 전체 면적) + (고밀도 지역 표본의 평균 밀도 × 고밀도 지역의 전체 면적).

주거형태	조사지역	최소 밀도(마리/km^2)	최대 밀도(마리/km^2)
아파트	둔촌동	726	892
	청담동	413	498
	흑석동	307	374
	방이동	310	354
	중계동	202	328
	이문동	202	221
아파트 평균 밀도[a]		**360**	**444**
비아파트	종암동	363	438
	종로 5가·6가동	452	523
	상도동	480	609
	청룡동	394	496
	논현동	176	203
	독산동	288	354
비아파트 평균 밀도[b]		**359**	**440**
서울시 길고양이 평균 밀도[c]		**359**	**440**

$$c = (a \times 44.21\%) + (b \times 55.79\%)$$

저밀도·중밀도·고밀도 면적 비율을 고려하지 않고 계산했다는 점에 주목하라.

출처: 서울특별시, 2015: 23.

하지만 실제 연구는 저밀도·중밀도·고밀도를 고려하지 않고 아파트/비아파트 지역의 밀도만을 반영해 전체 개체수를 계산하는 방식으로 진행되었다(〈표 2-5〉). 따라서 보고서의 계산 방식은 기존 전제를 스스로 무너뜨린다(왜 이런 방식을 선택했는지는 곧 알게 된다).

두 번째, 아파트/비아파트 지역을 나눈 가정 ②를 살펴보자. 물론 길고양이 거주 환경을 더 세분화하여, 좀 더 정확한 근삿값을 구하고자 한 노력은 칭찬할 만하다. 또한, 우리는 아파트/비아파트 지역에 따라 유의미한 차이가 나타날 수 있다고 충분히 가정할 수도 있다. 그러나 문제는 더 복잡하다. 왜냐하면 단순히 아파트/비아파트의 차이가 아니라 모든 지역적 차이가 실제로 유의미한 차이로 나타날 수 있기 때문이다. 예를 들어, 내가 인터뷰했던 활동가 D의 말을 보라.

> 이상하게 제 주변에는 고양이가 정말 안 보여요. 그래서 고양이를 보려면 친구네 집에 가야 된다든가. 친구네 집 앞에는 항상 고양이들 밥 주는 자리가 딱 있어요. …… [나도] 아파트 단지고, 친구도 아파트 단지인데……
>
> —활동가 D

요컨대, 아파트/비아파트 단지뿐만 아니라 아파트 단지 간에도 큰 차이가 나타나기 마련이다. 만약 그렇다면, 아파트/비아파트 지역을 구분하는 게 어떤 의미가 있는가? 더욱이 아파트/비아파트 구분은 지나치게 단순해서 모든 지역 차이를 포괄하기도 어려워 보인다. 예를 들어, 이 분류가 상권이나 녹지도 적절하게 대표할 수 있을까?

수집된 데이터 또한 결과적으로 보고서의 신뢰도를 낮춘다. 보고서의 예측에 따르면, TNR 밀도가 높을수록 자묘(새끼 고양이) 비율이 낮고, 성묘 비율이 높아야 했다. TNR을 많이 할수록 성묘는 오래 살아남고, 새끼 고양이는 태어나지 않을 테니 당연한 논리적 귀결이다. 그러나 현실은 달랐다. TNR 저밀도 지역인 방이동과 청룡동은 성묘 비율이 각각 77.3%, 50.0%였고, 중밀도 지역인 중계동과 논현동은 각각 70.4%, 67.9%, 고밀도 지역인 이문동과 독산동은 각각 50%, 56.9%였다. 요컨대, TNR 밀도와 성묘 비율은 전혀 무관하게 나타났다! 따라서 우리는 왜 지역을 밀도별로 구별했음에도 실제 개체수를 예측할 때는 단순히 평균값을 구했는지 알게 된다. **밀도는 무의미했다!** 그렇다면, 각 표본은 어떻게 대표성을 띨 수 있는가?

그러나 더 큰 문제가 남아 있다. 2013년 조사지와 2015년 조사지를 비교한 결과, 모든 조사지에서 **더 많은 개체가 발견되었다!** 하지만 보고서 결론은 다음과 같다. 2015년 추정치(166,127~203,615마리)는 2013년 추정치(190,851~246,762)보다 감소했다. 즉, **기존 조사지의 개체수가 증가했음도 서울시 길고양이 수는 감소했다!** 이런 결론이 가능한 이유는 하나뿐이다. 새롭게 추가된 조사지 6곳의 길고양이 수는 기존 조사지보다 적었다. 따라서 총평균은 감소로 나타난다. 그런데 이 결과는 뭔가 의구심을 자아내지 않는가?

2017년 보고서로 넘어가보자. 이 보고서 역시 2015년 보고서와 마찬가지로 2인 1조를 이룬 조사원들이 현장을 조사했다. 다만, 18~21시가 아닌 일몰 전 3시간 동안 조사했다는 점에서 작은 차이가 있었다. 가장 중요한 차이는 조사지가 12곳에서 18곳으로 확장되었다는 점이다. 그 과정에서 기존 조사지였

던 논현동과 독산동은 제외되었고, 이태원2동(전), 연희동, 성수
1가2동(준주), 길동, 문래동, 성수1가2동(준공), 자양4동, 이태원2
동(녹) 등이 신규 선정되었다.[40] 그렇다면 어떤 기준에 의해 어떤
지역은 제외되고, 어떤 지역은 새로 선정되었을까?

밀도와 (비)아파트로 구분했던 이전 보고서와 달리 2017년
보고서는 지역을 용도지역 분류에 따라 구분했다. 용도지역[41]이
란 〈국토의 계획 및 이용에 관한 법률〉에 따라 구분된 지역을 말
하는데, 보고서는 먼저 각 지역의 TNR 밀도를 조사한 후 이 중
"평균적인 TNR 밀도($21.29/km^2$)를 보이는 행정동을 중심으로
용도별(전용주거지역, 일반주거지역, 준주거지역, 상업지역, 준공업지
역, 녹지지역) 조사지역을 선정"했다.[42] 따라서 우리는 2017년 보
고서가 용도지역에 따라 길고양이 수가 다르게 나타날 것이라
고 가정하고 있음을 추측할 수 있다. 우리는 여기에서도 2015년
보고서에 제기했던 질문을 똑같이 제기할 수 있다. **용도지역 분
류에 따른 표본 설정은 과연 전체를 적절하게 대표하는가?**

나는 아파트/비아파트 구분이 큰 의미가 없었던 것처럼, 이
같은 용도지역 분류도 큰 의미가 없다고 생각한다. 왜냐하면 한
분류 안에서 편차가 클 뿐만 아니라 그 차이가 분류 간 차이보다
더 커 보이기 때문이다. 만약 내부 편차가 그토록 크다면, 이처
럼 큰 분류가 무슨 소용이 있겠는가? 이를 설명하기 위해 내 경
험담을 하나 이야기해보려고 한다. 다음 장에서 우리는 주로 동
대문구 제기동 고양이들을 살펴볼 건데, 그중 나와 가장 오랜 시
간을 보낸 마을냥이 '삼식이'를 먼저 소개한다(〈사진 2-1〉). 당시

나는 정릉천 바로 옆에 있는 집 1층에 살았는데, 삼식이는 매일 우리 집을 찾아오는 길고양이 중 하나였다. 삼식이는 이 동네 터줏대감이었지만, 다른 고양이를 내쫓는 모습을 단 한 번도 보지 못했다(따라서 진공 이론은 실패하는가?). 그 덕분에 나는 삼식이뿐만 아니라 여러 고양이를 바로 집 앞에서 관찰할 수 있었다. 흥미로운 사실은 작은 천을 경계로 제법 큰 격차를 목격할 수 있었다는 점이다. 나는 이 집에서 10개월 정도 거주했는데, 내가 살던 쪽에서는 많은 고양이를 볼 수 있었던 반면 천 반대편에서는 고양이를 단 한 번밖에 보지 못했다(〈사진 2-2〉). 거의 유사한 환경임에도 이렇게 큰 차이가 나타나는 이유는 무엇일까? 비슷한 환경, 가까운 지역에서도 주목할 만한 차이가 나타난다면, 과연 용도지역과 같은 큰 분류가 의미가 있을까? 요컨대, 대표성을 가질 수 있을까?

놀라운 경험을 하나만 더 공유하고 싶다. 4월의 어느 봄날, 나는 아현역-애오개역-서울역을 잇는 삼각형의 중심에 있는 만리배수지공원에 방문했다. 배수지는 상수도 정수장에서 정수한 물을 각 가정에 공급하기 전에 잠시 저장해두는 곳으로, 대개 고지대에 건설된다. 지도로 검색해보면 바로 알 수 있듯이 이곳은 아주 작은 공원이다. 체감상, 공원까지 올라가서 한 바퀴 도는 데 30분도 걸리지 않았다. 하지만 나는 그 30여 분 동안 10마리가 넘는 길고양이를 만날 수 있었다(〈사진 2-3〉, 〈사진 2-4〉, 〈사진 2-5〉, 〈사진 2-6〉, 〈사진 2-7〉). 그런데 생각해보라. 이토록 작은 공원에 이토록 많은 길고양이가 살고 있다면, 어떻게 대표성 있는

〈사진 2-1〉 2021년 7월 27일 서울특별시 동대문구 제기동.
제기동 마을냥이 삼식이. 나는 당시 정릉천 바로 옆 1층에
살았는데, 삼식이는 내 집을 매일 찾아오던 길고양이였다.
삼식이라는 이름은 다소 성의가 없어 보이긴 하지만, 내가 붙인
이름이다. 삼식이는 인기가 많은 마을고양이(마을고양이란
명칭은 옆집 할아버지가 붙여줬다)여서, 아마 여러 사람이
서로 다른 이름으로 부르지 않았을까 싶다. 그런데도 내가
이름을 부르면 항상 어디선가 나타나 달려오곤 했다.

 길냥이로 사회학 하기

〈사진 2-2〉 2022년 8월 27일 서울특별시 동대문구 제기동.
정릉천. 작은 천을 경계로 큰 격차가 나타난다는 사실을
목격할 수 있다. 왼편에서는 길고양이가 거의 나타나지
않는 반면 오른편에서는 많은 길고양이를 볼 수 있었다.
오른쪽에서 세 번째 있는 3층 건물이 내가 살던 집이다.
이렇게 작은 지역에서도 큰 격차가 나타난다면, 용도지역과
같은 큰 분류가 얼마나 유의미할까?

표본을 선택할 수 있겠는가?

내 생각에, '용도지역' 분류는 개발과 관련해서는 의미 있는 분류 방법이 될 수 있겠지만, 길고양이와 관련해서는 큰 의미가 없어 보인다. 너무나 많은 환경 요소가 고려되어야 하고, 무엇보다 사람이 핵심적으로 고려되어야 하기 때문이다. 사실 이런 함의는 2017년 보고서에서도 읽을 수 있다. 조사자들은 "둔촌동: 둔촌 주공 1단지 아파트"를 모범 사례로 생각했는데, 그들은 이 지역에서 "아파트 내의 고양이들을 관리"할 뿐 아니라 "재개발 이후에 대해 걱정"하는 네 명 이상의 캣맘을 만날 수 있었고, "지역 주민들과 친화적인 인상"을 보이는 길고양이들도 마주쳤다는 사실에 특히 주목했다.[43] 어쩌면 가장 큰 환경 요인은 사람이 아니겠는가?

그렇다 하더라도 우리는 표본을 설정하기 위한 조사자들의 노력을 가볍게 대해서는 안 된다. 우리는 조사자들의 노력을 여전히 존중하면서, 하지만 그들이 놓은 징검다리를 조심스럽게 두들겨보면서 불확실성의 강을 건너야 한다. 표본 지역 선정과 관련해 한 가지만 더 짚고 넘어가자. 앞서 봤듯, 2017년 선정된 지역들은 둔촌동을 제외하면 모두 2023년까지 계속 조사지로 유지되었다. 따라서 우리의 조사자들이 어떤 지역을 조사했는지는 한번 살펴볼 만하다.

(부록에 실은 조사지 지도를 참고하라.) 어떤가? 각 지역이 충분히 서울을 대표하는 듯 보이는가? 2021년 보고서의 경우 지도를 첨부하지 않았지만, 조사지 면적과 2023년 보고서 내용 등을 통

〈사진 2-3〉 2022년 4월 29일 서울특별시 마포구 아현동.

〈사진 2-4〉 2022년 4월 29일 서울특별시 마포구 아현동.

 길냥이로 사회학 하기

〈사진 2-5〉 2022년 4월 29일 서울특별시 마포구 아현동.

〈사진 2-6〉 2022년 4월 29일 서울특별시 마포구 아현동.

길냥이로 사회학 하기

〈사진 2-7〉 2022년 4월 29일 서울특별시 마포구 아현동.

해 2021년 조사지와 2023년 조사지가 동일하다고 판단했다. 아무튼 우리가 해야 할 일은 **지도 비평**이다. 가장 먼저 눈에 띄는 건 역시 ① 조사지역명이 같더라도, 실제 조사지는 다를 수 있다는 점이다. 예컨대, 2017~2023년 보고서 모두 청담동과 성수1가2동(준주)을 조사했지만, 실제 조사지역은 보고서 간에 다소 차이가 있다. 그렇다면 조사 결과는 어떻게 나타났을까?

결과는 다음과 같다(〈그림 2-4〉). 청담동: 7마리(2017)→27마리(2019)→26마리(2021)→24마리(2023), 성수1가2동: 28마리(2017)→42.5마리(2019)→30마리(2021)→19마리(2023).[44] 그러나 우리는 2019년과 2021년 사이에 단절이 있다는 사실을 알고 있다. 따라서 우리는 2019년과 2021년 사이에 감소하는 경향이 있더라도, 엄밀히 말해 그렇다고 말할 수 없다. 반면, 2017년과 2019년 사이, 2021년과 2023년 사이의 경향성은 인정할 수 있다. 즉, 2019년에는 오히려 길고양이 수가 증가한 반면 2023년에는 수가 다소 감소했다고 볼 수 있다. 그렇다면 이들은 왜 조사지역을 바꿔야만 했을까?

보고서를 통해서는 이유를 확인할 수 없지만, 지도 변화를 통해서 우리는 그 이유를 알 수 있다. 두 지역 모두 기존 주거 건물을 철거하고, 신축 아파트를 건설하고 있기 때문이다. 따라서 철거가 시작된 이후로 두 지역 모두 조사가 불가능한 지역이 되었다는 사실을 유추할 수 있다. 그러나 이 같은 결론은 또 다른 문제를 제기할 수 있다. 공사장은 길고양이에게 위험하지만, 그럼에도 살기 좋은 환경을 제공하지는 않을까(〈사진 2-8〉, 〈사진

      길냥이로 사회학 하기

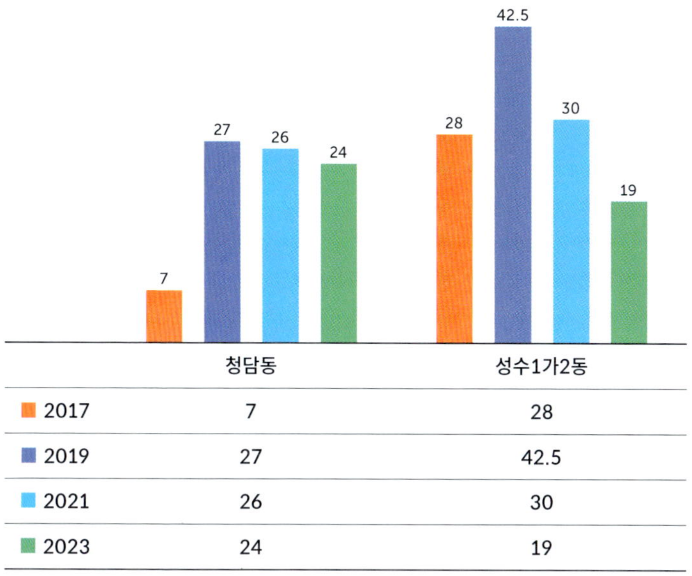

		청담동	성수1가2동
■	2017	7	28
■	2019	27	42.5
■	2021	26	30
■	2023	24	19

2-9))? 만약 그렇다면, 변경된 조사지가 실제로 길고양이 수를 **과소대표**할 가능성이 있지는 않은가?

하지만 조사지 변경은 이전 조사와의 연속성에 관한 문제다. 더욱이 현실은 언제나 변화하기 때문에 모든 조사가 겪을 수밖에 없는 문제이기도 하다. 따라서 나는 조사지 변경보다 용도지역에 더욱 주목한다. 그중에서도 특히 녹지지역이 중요하다. 녹지지역은 2017년에 선정된 이후 변함없이 유지되었다(자양4동, 이태원2동). 그리고 두 지역의 길고양이 수 변화는 다음과 같다. 자양4동: 15마리(2017)→5.5마리(2019)→19마리(2021)→18마리(2023), 이태원2동: 2마리(2017)→2마리(2019)→0마리

〈사진 2-8〉 2022년 1월 3일 서울특별시 동대문구 제기동.
철거 현장에서 발견한 길고양이들

〈사진 2-9〉 2022년 1월 3일 서울특별시 동대문구 제기동.
문 안쪽에 숨은 고양이를 보라.

(2021)→1마리(2023). 자양4동의 경우 2019년 발견된 길고양이 수가 평균 5.5마리지만, 2017년, 2021년, 2023년에 15~19마리가 발견되었다는 점을 고려해보면, 2019년 수치가 다소 예외적이라고 볼 수 있다. 더욱 중요한 건, 이태원2동의 수치인데, 이태원2동은 사실상 길고양이가 거의 없는 것으로 나타난다. 그러나 우리는 몇 가지 이유로 이 수치의 신뢰성을 재고할 수 있다. 첫째, 2019년 보고서가 인정하듯이, 이 지역은 "남산식물원이 위치하고 있는 서울시의 녹지지역으로, 사람의 접근이 불가능한 곳이 많아 고양이가 은신할 곳이 많고 [길고양이를] 발견하기"가 어렵다.[45] 둘째, 그럼에도 우리는 바로 이 남산 자락들에서 많은 고양이를 발견할 수 있다(〈사진 2-10〉). 데이터를 확인해보고 싶었던 나는 실제로 이 조사지(남산야외식물원)를 방문했고, 조사자들보다 한 마리 많은 세 마리 고양이를 30분도 지나지 않아 발견했다(〈사진 2-11〉, 〈사진 2-12〉).*

하지만 녹지지역의 길고양이 수는 매우 중요하다. 왜냐하면 녹지지역은 서울시에서 일반주거지역 다음으로 가장 넓은 면적을 차지하기 때문이다(〈표 2-7〉). 따라서 **녹지지역이 과소평가되는 순간 서울시 길고양이 수 전체가 과도하게 저평가된다!** 하지만 우리가 봤듯이, 이태원2동은 그동안 0~2마리가 발견된 것

---

* 정확히 난 이곳에 두 번 방문했다. 첫 번째는 2024년 9월 2일 오후 4시쯤, 두 번째는 2024년 9월 7일 저녁 9시쯤이었다. 참고 사진은 첫 번째 방문 때 찍은 것이며, 이때는 두 마리밖에 보지 못했다. 그러나 두 번째 방문했을 때는 앞서 만난 두 마리를 포함해 총 세 마리를 발견했다. 다만, 이때 사진은 어두운 곳에서 찍어 화질이 좋지 못해 사용하지 않았다. (이 같은 발견은 조사 시간이 얼마나 유의미한지 다시 한번 묻게 한다.)

　　　길냥이로 사회학 하기

<표 2-6> 개체밀도 변화 추이(용도지역)

구분		평균 길고양이 마릿수		조사지역 면적 (km²)		개체밀도 (평균 개체수/km²)	
조사 연도		2021	2023	2021	2023	2021	2023
전체		292	297	1.603	1.603	182.1	185.3
일반지역 용도구분	⋮	⋮	⋮	⋮	⋮	⋮	⋮
	⋮	⋮	⋮	⋮	⋮	⋮	⋮
	⋮	⋮	⋮	⋮	⋮	⋮	⋮
	녹지	19	19	0.174	0.174	109.2	106.3
녹지	자양4동	19	18	0.083	0.083	228	217[*]
	이태원2동	0	1	0.091	0.091	0	11

[*] 보고서에는 210.7로 되어 있다. 그러나 217이 되어야 맞다.   출처: 서울특별시, 2023

으로 보고되었다. 이태원2동의 조사 면적은 91,123m²(약 0.091 km²)이므로, 개체밀도는 약 0~22/km²으로 계산된다. 그리고 이 수치는 상당히, 그것도 꽤 큰 수치로 과소평가됐을 가능성이 있다. 2023년 보고서에 따르면, 녹지지역의 조사 면적은 0.174km²(자양4동: 0.083km², 이태원2동: 0.091km²)이고, 평균 개체수는 19마리(자양4동: 18마리, 이태원2동: 0마리)이다. 이 같은 결과를 통해 2023년 보고서는 녹지의 개체밀도가 106.3/km²라고 결론지었다(<표 2-6>). 얼핏 봐도, 이 계산이 잘못되었다는 사실은 쉽게 알 수 있다. 2021년과 2023년의 평균 길고양이 마릿수 변화가 없음에도 개체밀도가 감소했기 때문이다. 이런 기본적인 실수가 벌어진 이유는 알 수 없지만, 이 계산법을 따른다면, 2023년 녹지

〈사진 2-10〉 2024년 9월 2일 서울특별시 중구
예장동 남산 둘레길.

 길냥이로 사회학 하기

〈사진 2-11〉 2024년 9월 2일 서울특별시
용산구 이태원동 남산야외식물원.

〈사진 2-12〉 2024년 9월 2일 서울특별시 용산구
이태원동 남산야외식물원.

 길냥이로 사회학 하기

〈표 2-7〉 서울시 용도지역 면적

	2017·2019년 보고서	2021년 보고서	2023년 보고서
서울시 전체 면적		605.60km^2(100%)	
일반주거지역	307.14km^2(50.72%)	306.91km^2(50.68%)	306.82km^2(50.66%)
전용주거지역	5.74km^2(0.95%)	5.76km^2(0.95%)	5.89km^2(0.97%)
준주거지역	13.08km^2(2.16%)*	13.38km^2(2.21%)	13.66km^2(2.26%)
상업지역	25.27km^2(4.17%)	25.60km^2(4.23%)	25.77km^2(4.26%)
준공업지역	19.98km^2(3.30%)	19.97km^2(3.30%)	19.97km^2(3.30%)
녹지지역	234.40km^2(38.71%)	233.98km^2(38.64%)	233.48km^2(38.55%)

* 보고서에는 1.31㎢(2.16%)로 표기되어 있는데, 오기로 보인다. 비율이 옳다는 가정하에 면적을 계산했다. 2017년 보고서, 2019년 보고서 모두 같은 오류를 범하고 있는데, 2019년 보고서가 2017년 보고서 자료를 검토 없이 가져다 쓴 것으로 보인다.

의 개체밀도는 2021년과 같은 109.2마리로 계산되어야 한다. 그렇다면 2.9마리는 얼마만큼의 개체수를 과소평가할까? 녹지 총면적이 233.48km^{2}이므로, 약 677마리만큼 전체 개체수를 감소시키는 효과가 있다. (앞서 나는 조사지 중 한 곳에서 쉽게 세 마리를 발견했다고 말했다. 그것은 아주 작은 숫자처럼 보이지만, 녹지지역의 개체수 한 마리는 전체 개체수에 약 233마리만큼 영향을 미친다.)

그렇지만 이것은 단순한 오류이므로 엄밀히 말해 큰 문제는 아니다. 여기에서 주목할 점은 오히려 이런 계산법의 기본 가정이다. 2023년 보고서는 조사지의 동질성을 가정한다. 다시 말해, 2023년 보고서는 자양4동과 이태원2동의 차이를 가정하지 않는다. 따라서 조사한 총 녹지 면적과 발견된 총 개체수를 비교함으로써 19/0.174km^2=109.2/km^2'이라는 계산 결과를 획득한다. 하지만 조사지 간에 약간의 이질성을 가정하고 다음과 같이 계산하면 어떨까? 즉, 자양4동의 개체밀도는 217이고, 이태원2동의 개체밀도는 11이다. 따라서 개체밀도 평균은 114/km²이 되고, 이 경우 길고양이 수 추정치는 기존값(109.2/km²)에 비해 약 1167마리 증가한다. 물론 이런 계산에는 다음과 같은 가정이 담겨 있다. 녹지는 두 유형으로 구분되는데, 하나는 자양4동으로 대표되는 고밀도 유형과 이태원2동으로 대표되는 저밀도 유형이 있다. 다시 말해서, ① 녹지는 고밀도/저밀도 녹지로 구분되고, 각 유형의 대푯값은 217과 11이다. ② 녹지는 고밀도/저밀도 두 유형으로 구분될 뿐 아니라, 두 유형 간의 면적 비율도 거의 1:1이다(그렇지 않으면, 면적 비율을 고려해야 할 것이다. 2015년 보고서를 떠올려보라).

독자들은 어느 쪽에도 쉽게 동의하기 어려울 것이다. 어느 쪽이든 너무나 넓은 논리적 간극을 건너야 한다. 이것은 부정할 수 없는 사실이지만, 우리는 다음과 같은 교훈을 얻을 수 있다. 어떤 계산을 택하든 그 안에는 숨은 가정들이 있다. 어떤 가정을 택하느냐에 따라 계산법이 달라질 뿐 아니라 그 결과도 크게 달라질 수 있다.

서울시의 길고양이 서식현황 조사와 관련해 마지막으로 한 가지만 더 이야기해보자. 2021년과 2023년 보고서가 기존 보고서보다 흥미로운 이유는 "밥자리 조사"가 한 챕터로 포함된다는 점이다. 그 말인즉, 적어도 형식적으로는 "밥자리 조사"가 "서식현황 조사"만큼의 중요성을 갖는다는 의미가 아닌가? 여기서 우

 길냥이로 사회학 하기

〈사진 2-13〉 2024년 10월 29일 부산광역시 중구 대청동.
부족한 건 현실이 아닌 우리의 상상력이다. 누군가의 삶은
이미 그들의 소중한 타자와 긴밀히 얽혀 있다. 심지어
우리는 그것을 상상할 필요조차 없다. 단지 보면 될 뿐이다.

리는 여러 가지 함의를 읽을 수 있다. 첫 번째, 밥자리가 사람 간 갈등을 만드는 주요 요인이라는 점을 생각해보면, 사회적 갈등 해소가 보고서의 중요한 테제가 되었다는 점을 알 수 있다. 두 번째, 밥자리 조사 자체가 표본 조사지 설정의 어려움을 보여주는 한 지표일 수도 있다. 요컨대, 길고양이 수는 주변 환경과 밀접한 관련이 있으며, 그중 가장 결정적인 환경 요인은 '사람'이다. 따라서 사람이 관리하는 밥자리에 대한 조사 또한 필수로 요청된다고 볼 수 있다.

한편으로 나는 이 같은 조사 자체가 (과장해서 말한다면) 어리석은 것 같다는 생각이 든다. 서울시에 얼마나 많은 길고양이가 사는지를 조사하는 게 왜 그렇게 중요할까? 지역에 따라 길고양이를 수용할 수 있는 능력 자체가 다르지 않을까? 어쩌면 길고양이와 친화적인 어떤 지역은 더 많은 고양이를 더 건강하게 유지할 수 있을지도 모른다(《사진 2-13》). 반면, 어떤 지역은 길고양이가 **실질적인 문제**일 수도 있다. 길고양이가 존중받아야 할 생명임은 부정할 수 없는 사실이다. 그러나 **생명은 언제나 문제를 불러일으킨다.** 인간은 소중한 생명이지만, 인간보다 많은 문제를 일으키는 생명체는 없다.

말하자면, 문제는 길고양이 수가 아니라 실제로 길고양이가 어떤 문제를 누구에게 어떻게 일으키고 있는가이다. 따라서 그 문제는 길고양이 수를 줄인다고 해결되지 않는다(그럴 가능성은 조금이라도 더 높아질진 모르겠지만). 누군가에게는 단 한 마리의 길고양이조차 문제가 될 수 있다. 그렇다면, 문제는 서울시, 지자

길냥이로 사회학 하기

체, 관공서, 행위자의 문제가 아니라 **실제로 한 지역에 살고 있는 사람들**(더 정확히는 넓은 의미의 행위자들)의 문제다. 지역이 달라질 때마다 그리고 그 안에 사는 사람들이 달라질 때마다, 우리는 서로 다른 문제에 처하게 될 것이다. 다시 한번 말하지만, 문제는 서울시 길고양이 수라는 추상적인 **인구**(또는 묘구?)가 아니라 현실 속에서 매일같이 벌어지는 **일상**이다. 내 말이 진실이라면, 이 문제를 다루기 위해 우리는 어디서 그리고 어떻게 시작해야 할까? 통계청은 5년마다 '인구주택총조사'를 실시하고 있다. 대한민국 인구총조사는 당신의 삶에 실질적으로 어떤 영향을 미치는가?

매듭은 아직
풀리지 않았지만……

내 경험담을 공유하면서, 이 장을 마치고 싶다. 2022년 9월 첫째 주에 나는 부산대학교에서 열린 '트랜스아시아 과학, 기술, 의료, 환경사 워크샵'에 참석했다. 먼 길을 가는 김에 예전부터 관심 있던 '청사포 고양이마을'을 찾아갔다. 그리고 구경을 간 김에 마을 주민들에게 무턱대고 말을 걸어 가벼운 인터뷰를 진행했다. 기대한 것(?)과는 달랐지만, 흥미로운 현장을 목격했다(〈사진 2-14〉). 누가 봐도 사람이 마련해준 것 같은 공간에서 고양이들이 더위를 피하고 있었다. 사진을 찍으러 다가가는 중에 집 주인과 눈이 마주쳤고, 나는 사진을 찍어도 되는지 정중히 여쭤봤다. 처음에 어르신께서는 나를 굉장히 경계하면서, 촬영을 허락하지 않았다. 나는 사회학을 공부하는 대학원생이며(나는 과학기술학을 잘 설명할 자신이 없어서 늘 나를 사회학자로 소개한다), 길고

〈사진 2-14〉 2022년 9월 4일 부산광역시 해운대구 청사포로.
청사포 고양이마을에서 처음 목격한 고양이들. 집 주인분께서
마련한 공간에서 고양이들이 더위를 피하고 있었다. 아래
상자에도 어린 고양이들이 잠자고 있었다.

〈사진 2-15〉 2022년 9월 4일 부산광역시
해운대구 청사포로.

 길냥이로 사회학 하기

양이 문제를 연구하기 위해 이곳에 왔다고 다시 한번 말씀드렸다. 어르신은 그제야 마음을 놓으셨는지 촬영을 허락했다.

어르신은 몇 년째 동네 고양이들을 돌봐주고 계셨고, 집의 자투리 공간을 고양이들과 **공유**하고 있었다(《사진 2-15》). 어르신에 따르면, 최근 몇 달 사이 돌보던 고양이들이 여럿 사라졌다고 한다. 어르신은 누군가 고양이들을 납치해갔다고 의심하고 있었다. 그런 연유로 외부인인 내가 고양이 사진을 찍는다고 하자 크게 경계했던 것이었다. 사라진 고양이들을 찾는 탐정 게임도 흥미롭겠지만, 이 책의 목표와는 거리가 있다. 여기에서 주목할 것은 어르신과 고양이들이 **함께 만들어가는 생활세계**다.

근처 횟집에서도 비슷한 경험을 할 수 있었다. 길고양이를 연구하는 사회학도라고 소개하자, 횟집 어르신께서는 본인이 몇 마리 고양이를 돌보고 있는지, 고양이 밥은 어떤 걸 쓰는지, 나아가 길고양이들을 중성화할 때마다 금액적으로 얼마나 부담이 되는지 등을 이것저것 말씀하셨다. 그곳에서도 사람과 고양이는 **함께** 살아가고 있었다. 그 형태도 방식도 제각각이지만, 중요한 건 **숫자가 아닌** 만남과 접촉, 아마도 'response-ability'였다(이 단어는 각각 읽으면 '응답-능력'으로 이해되지만, 붙여 읽으면 '책임'이란 뜻이 된다).[46] 우리는 무엇에 응답하고 있는가?

부록 사진은 세 가지 주제를 담고 있다: 녹지, 폐허, 얽힘. 도시의 녹지는 일종의 경계 공간으로서 그들에게 안전한 삶의 장소를 제공한다. 어떤 경계는 종종 두껍고 우거지지만, 어떤 경계는 얇고 연약하다. 애나 칭Anna Lowenhaupt Tsing은 송이버섯을 통해 "자본주의의 폐허에서 삶의 가능성"을 발견한다.[47] 나는 폐허 같은 경계 지대 안 고양이들로부터 새로운 삶의 가능성을 발견한다. 그들과 우리의 깊숙이 얽힌 삶을 보라.

1 2022년 1월 9일 서울특별시 동대문구 제기동.
2 2021년 7월 22일 서울특별시 동대문구 제기동.
3 2021년 8월 1일 서울특별시 동대문구 청량리동.

길냥이로 사회학 하기

1 2021년 8월 6일 서울특별시 성북구 안암동.
2 2021년 9월 16일 서울특별시 동대문구 제기동.
3 2021년 9월 25일 서울특별시 고양이마을(가명).
4 2022년 1월 3일 서울특별시 동대문구 제기동.

1 2024년 11월 24일 수원시 팔달구 지동.
2 2022년 9월 4일 부산광역시 해운대구 청사포로.
3 2022년 10월 27일 수원시 권선구 권선동.
4 2024년 8월 19일 강원도 속초시 청호동.

   길냥이로 사회학 하기

2024년 10월 30일 수원시 권선구 세류동.

  길냥이로 사회학 하기

길고양이 서식현황 모니터링 조사지

이 지도들은 서울시 길고양 서식현황 모니터링 보고서에 첨부된
지도들을, 네이버 지도를 이용해 조심스럽게 따라 그린 지도이다.
2021년 보고서의 경우 지도를 첨부하지 않았지만, 조사지 면적과
2023년 보고서 내용 등을 통해 2021년 조사지와 2023년 조사지
가 동일하다고 판단했다. 선택된 지역이 과연 서울시를 잘 대표한
다고 말할 수 있을까? **지도 비평**을 시작해보자.

일반주거지역

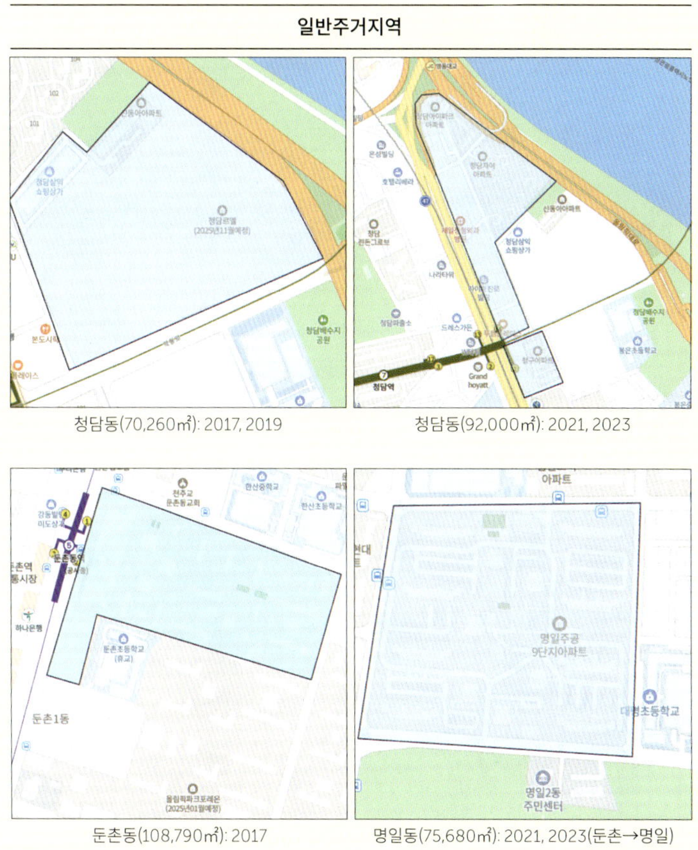

청담동(70,260㎡): 2017, 2019 청담동(92,000㎡): 2021, 2023

둔촌동(108,790㎡): 2017 명일동(75,680㎡): 2021, 2023(둔촌→명일)

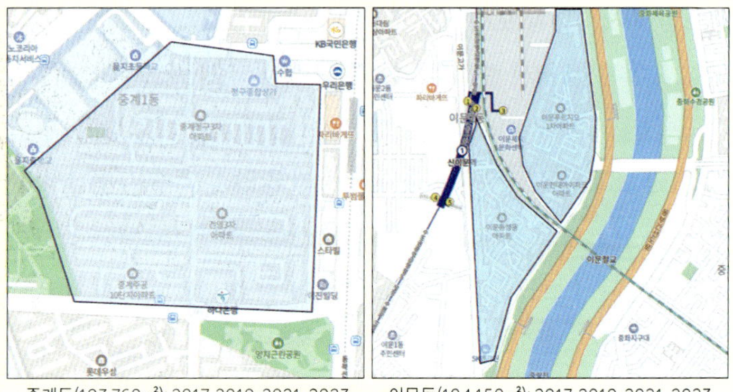

중계동(103,760㎡): 2017, 2019, 2021, 2023

이문동(104,150㎡): 2017, 2019, 2021, 2023

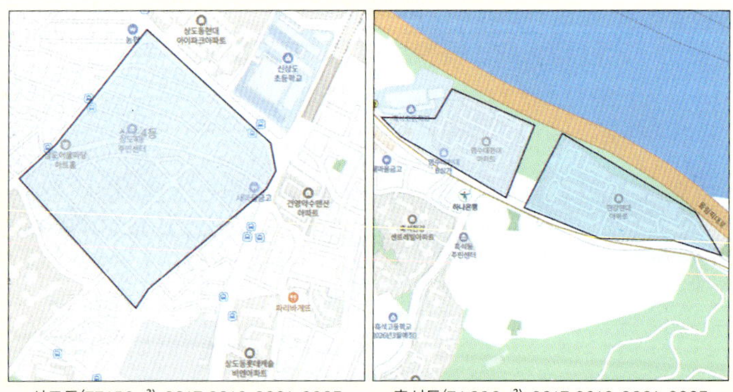

상도동(77,150㎡): 2017, 2019, 2021, 2023

흑석동(74,890㎡): 2017, 2019, 2021, 2023

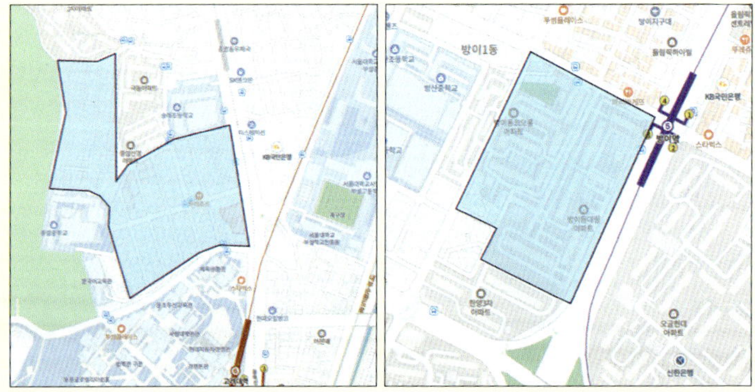

종암동(79,830㎡): 2017, 2019, 2021, 2023

방이동(67,800㎡): 2017, 2019, 2021, 2023

길냥이로 사회학 하기

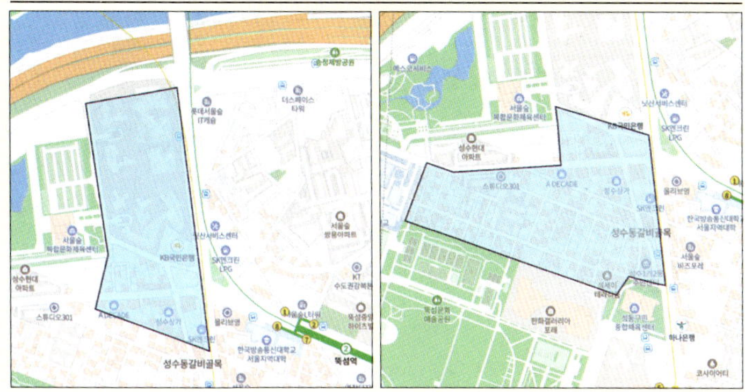

성수1가2동(71,737㎡): 2017, 2019

성수1가2동(85,000㎡): 2021, 2023

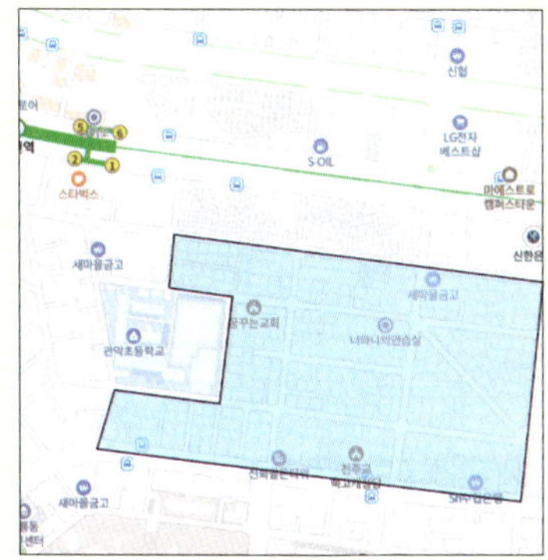

청룡동(98,860㎡): 2017, 2019, 2021, 2023

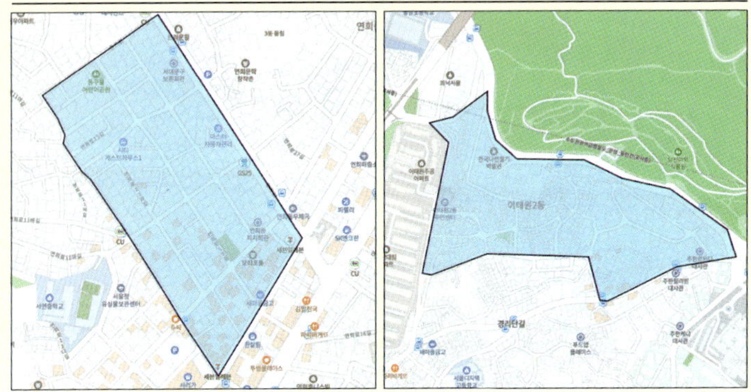

연희동(96,315㎡): 2017, 2019, 2021, 2023　　　이태원2동(99,703㎡): 2017, 2019, 2021, 2023

상업지역

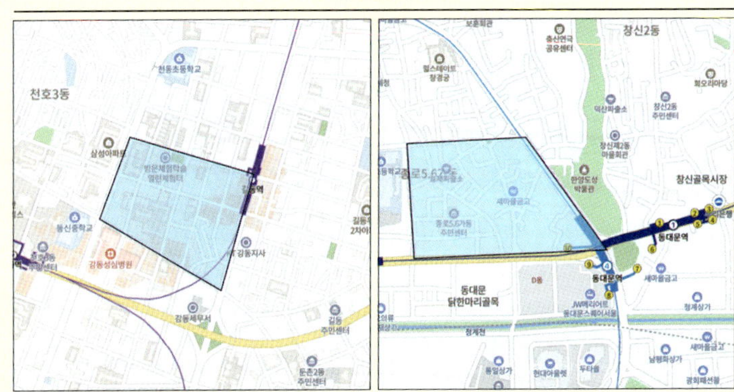

길동(98,865㎡): 2017, 2019, 2021, 2023　　　종로5가·6가동(84,130㎡):
2017, 2019, 2021, 2023

준공업지역

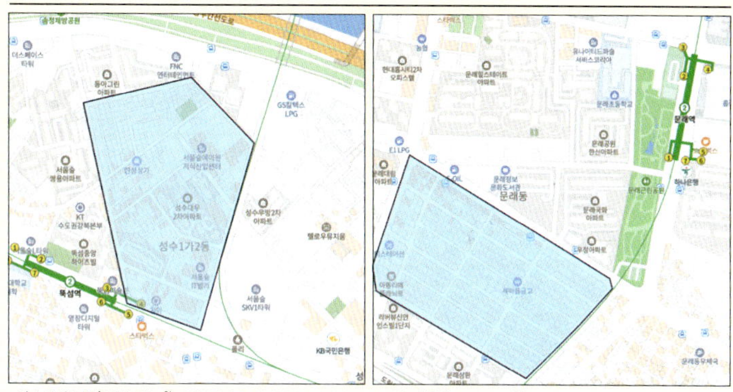

성수1가2동(97,365㎡): 2017, 2019, 2021, 2023 　　문래동(93,626㎡): 2017, 2019, 2021, 2023

녹지지역

자양4동(83,039㎡): 2017, 2019, 2021, 2023 　　이태원2동(91,123㎡): 2017, 2019, 2021, 2023

세 번째 미로

TNR 연결망

TNR은 왜 이렇게 불확실한 걸까? 그토록 큰 비용을 쓰는
데도 왜 모두가 "그렇다!"라고 말할 만큼 분명한 결과를 가져오
지 못하는 걸까? 이제는 정말 새로운 접근이 필요한 것은 아닐
까? 사실, TNR 자체는 아주 단순한 논리를 갖고 있다. 중성화된
고양이는 더는 새끼를 낳을 수 없다. 그리고 중성화된 고양이는
다른 고양이가 들어오지 못하도록 자기 영역을 지킨다. 따라서
중성화된 고양이(즉, TNR 고양이)만 관리하면, 더 이상 길고양이
는 늘어나지 않을 것이다. 아주 단순한 원리가 아닌가? 하지만
뭔가 빠진 듯한 기분이 든다. 과연 고양이들은 우리가 생각하는
대로 행동할까? 우리가 다뤄야 할 대상(행위자)이 단지 고양이뿐
일까?

첫 번째 연결망:
벽고양이

전래동화 〈손톱 먹은 쥐〉는 이야기를 시작하기 위한 좋은 출발점이다. 이 이야기는 두 가지 질문으로 우리를 이끈다. 첫 번째, 쥐는 어떻게 인간으로 변신할 수 있었을까? 다시 말해서, 어떻게 손톱을 삼킬 수 있었을까? 집에 들어올 수 있었기 때문이다. 두 번째, 쥐는 인간을 쫓아낼 만큼 영악하다. 하지만 인간은? 고양이의 도움이 없었더라면 자기 자리를 지킬 수 없었을 만큼 무력하다.

상상의 나래를 조금만 더 펼쳐보자. 인간과 고양이는 어떻게 반려 관계를 맺게 되었을까? 사실은 서로의 이익을 위해서가 아니었을까? 피땀 흘려 농사지은 곡식을 약삭빠르게 훔쳐가는 쥐들을 떠올려보라. 사람들은 얼마나 쥐를 잡고 싶었을까? 하지만 쥐덫은 아직 발명되지 않았고, 창고는 더더욱 쓸모없다. 쥐들은 창고를 제집 드나들듯 드나들며 마음껏 폭식할 테니 말이다. 곡식뿐만 아니라 사람이 깎아놓은 손톱까지 꿀꺽 삼키지 않았는가?

하지만 고양이가 있다! 쥐는 곡식을 훔치고, 사람은 쥐를 잡고 싶다. 그리고 쥐를 잡는 최고의 명수는 바로 고양이다! 고양이들은 어느 순간 깨달았을지도 모른다. 민가 근처에 가면, 맛있는 먹잇감이자 재밌는 장난감인 쥐들이 나타난다고. 사람들도 금세 깨달았음이 분명하다. 고양이들이 나타나자, 쥐들이 어디론가 사라진다는 사실을(혹은 쥐 사체를 보며 깨달았을 것이다).

자, 생각해보자. 당신이 바로 그/그녀라면, 어떻게 하겠는가? 몽둥이를 들고 밤새 창고를 지키겠는가? 아니면, 고양이를 키우겠는가? 누구나 후자를 선택하지 않을까? 그렇다면 이제 사람이 할 일은 완전히 바뀌었다. 그동안 우리의 임무는 몽둥이를 들고 밤새 쥐를 때려잡는 일이었다. 그러나 이제는 아니다! 우리가 해야 할 일은 몽둥이를 드는 게 아니라 고양이가 집에 영원히 머물도록 잘 키우는 것이다.

말 그대로 전쟁 아닌가? 인간과 쥐의 전쟁. 인간이 쌓은 곡식을 털어가면 쥐가 승리하고, 인간이 곡식을 지키면 쥐는 패배하고 굶어 죽는 그런 전쟁. 그러나 호시탐탐 곡식을 노리는 쥐를 막기 위해 하루 종일 서 있을 수는 없다. 그래서 인간은 '벽'이라는 성을 쌓았다! 사람은 수성守城하고, 쥐는 공성攻城한다. 그러나 인간이 쌓은 벽은 인간과 같은 큰 동물을 막기엔 효과적일지라도, 쥐 같은 작고 약삭빠른 동물을 막기에는 역부족하다(〈그림

"쥐는 살찌고 사람은 굶는다"라는 문구는
고대로부터 이어온 인간과 쥐의 전쟁 구도를
잘 보여준다. 그리고 최근까지 우리가 늘
패배해왔다는 사실도 함께 보여준다.

3-1〉). 매일 밤 벌어지는 전투에서 인간은 늘 패배한다! 전투 결과가 전쟁 결과로 변하기 전에 고양이라는 새로운 존재가 등장했다. 고양이들은 놀라운 솜씨로 적들을 물리친다. 그 순간 인간들은 깨달았다. 저들과 동맹을 맺어야 한다는 사실을. 그렇게 인간과 고양이 간의 상호방위조약이 체결된다. 인간은 고양이에게 장소와 식량을 제공한다. 그러면 고양이는 인간을 위해 창고를 지킬 것이다!

이 첫 번째 인간-고양이 관계, 아니 둘의 상호방위조약을 다시 정리해보자. 인간은 곡식을 지키고 싶다. 그러나 쥐라는 장애물이 그 욕구를 가로막는다. 그래서 인간은 벽을 쌓았다. 쥐는 작고 빠르고 영악하다. 모두 알다시피, 사람이 쥐와의 전투에서 승리하기 시작한 건 얼마 되지 않았다. 어느 날 고양이가 등장한다. "나를 키워라. 그럼, 네 식량을 지켜주겠다." 인간은 고양이와 동맹을 맺는다. 하지만 가장 중요한 핵심은 그다음이다. 인간-벽-고양이가 체결한 신성동맹은 이제 세 행위자에게 서로 다른 역할을 요구한다. 요컨대, 사람은 고양이에게 자기 공간 중 일부를 제공해야 하고, 자기 식량 중 일부도 고양이에게 양도해야 한다. 그렇지 않으면, 고양이는 떠날 테니까. 반대로 고양이는 더 이상 살기 위해 쥐를 사냥할 필요가 없다. 적당히 내쫓고, 가지고 놀고, 아주 가끔 '겁대가리를 상실한' 쥐의 목덜미를 물어뜯으면 된다. 그러면 인간이 노동한 대가를 지급할 것이다!

벽을 쌓는 목적도 바뀐다. 물론 쥐의 공성을 막을 만큼 튼튼하면 좋겠지만, 그 역할은 이제 고양이가 해줄 것이다. 오히려 고양이가 자유롭게 드나들 수 있을 만큼 벽은 열려 있어야 한다. 수성은 이제 벽뿐만 아니라 고양이의 임무이기도 하다. 그런데 생각해보자. 행위자란 '행위하는 존재'이다. 따라서 행위하는 목표, 목적, 의미가 변한다면, 그 행위자는 실제로 **변화했다**고 말할 수 있다(즉, 그전과 같지 않은 존재이다). 그래서 나는 동맹 이전의 고양이와 동맹 이후의 고양이를 구분하려고 한다. 이 새로운 고양이를 **벽고양이**라고 부르면 어떨까? (그러나 앞으로도 보겠지만, 벽고양이는 단지 '고양이'뿐만이 아니라 고양이와 연결된 모든 존재를 함께 부르는 용어이다).

이 신성동맹은 우리에게 교훈을 준다. 동맹을 맺는 건 행위자들이지만, 체결된 동맹은 반대로 행위자의 행동(따라서 행위자)을 바꾼다. 물론 순서는 없다. 동맹을 맺는 것과 행동을 바꾸는 것은 반드시 동시에 이뤄지기 때문이다. 고양이를 양육하지 않고, 어떻게 고양이와 동맹을 맺겠는가? 말하자면, **관계가 모든 걸 정의**한다. 신성동맹을 맺기 전 인간/고양이와 동맹을 맺은 후 인간-고양이는 그전과 다른 행위 목표를 갖는다(예를 들어, 인간 행동: 벽 쌓기→함께 살기). 따라서 행위자 또한 변화한다(예를 들어, 고양이: 야생고양이→벽고양이).

하지만 독자들은 이렇게 말할 듯하다. "그래서 어쩌라는 건가? 당신이 말하는 건, 단지 쥐 때문에 인간과 고양이가 같이 살게 되었을 수 있다는 얘기 아닌가? 단순한 얘기를 왜 그렇게 복잡하고, 길게 설명하는가! 당신이 하는 건, 그냥 현학적 놀음에 불과하다. 그렇지 않다면, 당신이 하는 이야기가 어떤 교훈을 줄 수 있는지 말해보라!" 부인하지 않겠다. 어쩌면 나는 단지 말장난을 하고 있을지도 모른다. 그러나 이 이야기를 끝까지 들은 다음에 다시 판단해보는 건 어떨까? 판단은 당신에게 맡길 테니.

눈치챘을지 모르겠지만, 내가 그린 도식엔 나 스스로 인정한 함정이 있다. 요컨대, 인간은 최근까지 쥐와의 전투에서 승리하지 못했다! 하지만 나는 인간과 고양이의 '반려 생활'이 마치 모든 전쟁을 끝낸 것처럼 이야기했다. 그렇다. 나는 잘못된 사실

〈사진 3-1〉 2021년 9월 2일 서울특별시 동대문구 제기동.
낯선 인간이 가까이 다가와 사진을 찍을 때까지 깨지 않는
이들이 어떻게 성실한 노동자가 될 수 있겠는가? 어쩌면
고양이에게 붙잡힌 쥐는 재수 없는 소수였을지도 모른다.
TNR 고양이가 정말로 동네 쥐 숫자를 줄이는지를 가지고
우리는 여전히 논쟁하지 않는가? 더욱이 그들은 다른
고양이를 내쫓는 데마저 게으를지도 모른다.

을 이야기했다. 우리는 그동안 늘 패배했고, 그 말인즉슨 신성동맹 또한 패배했다. 그리고 우리는 패착이 무엇인지 이미 알고 있다. 고양이는 대개 게으르기 마련이다(〈사진 3-1〉).

하지만 고양이의 게으른 노동은 인간-고양이 동맹을 깨뜨릴 만큼 중대한 과실은 아니었다(아무튼 고양이는 귀엽다. 어쩌면 어느 순간부터 고양이를 키운다는 목적 그 자체도 변했을지 모른다). 그래서 우리는 이 동맹을 다시금 살펴봐야 한다. 새로운 실마리는 '벽'이다. 말했듯이, 새로운 동맹은 새로운 행동, 새로운 역할, 새로운 임무를 부여한다. 원래 벽의 역할은 어떤 존재도 그 안으로 들어오지 못하게 막는 것이었다. 오직 인간만이 문이란 통로를 이용해 들락날락할 수 있을 뿐이다. 하지만 벽이 얼마나 불완전했는지 떠올려보라(휑한 궁궐들을 떠올려보라). 하지만 더욱 중요한 건 '불'완전한 벽이 동맹을 유지하는 필수 조건이었다는 점이다. 즉, 이 신성동맹이 유지되기 위해서는 인간과 마찬가지로 벽 고양이 또한 자유롭게 안팎을 오갈 수 있어야 했다.

그 이유는 단순하다. 고양이는 나가서 놀고, 배변을 보고, 짝짓기도 해야 한다. 밖으로 자유자재로 나갈 수 없다면? 새로운 〈올드보이〉를 찍어보라. 피가 낭자한 폭력이 당신을 덮치고, 그 순간 동맹은 와해할 것이다. 따라서 벽은 고양이에게 열려 있어야 했다. 얼마나 많은 고양이가 집 밖을 자유로이 돌아다녔겠는가. 반대로 그 순간 얼마나 많은 쥐가 집을 들락날락했겠는가. 그러나 이 책의 목표는 인간-벽-고양이 동맹이 얼마나 비효율적이었는지를 입증하는 것이 아니다. 우리의 목표는 **투과율**이

　길냥이로 사회학 하기

라고 부를 수 있을 바로 이 특징(즉, 집 안팎을 자유롭게 오갈 수 있
는 정도)이 변화할 때 어떻게 기존 동맹이 와해하고, 새로운 동맹
그리고 새로운 행위, 따라서 새로운 행위자가 만들어지는가를
밝히는 것이다.

2.   두 번째 연결망:
집고양이/길고양이

난 건축학도도 아니고 건축사학자도 아니지만, 한 가지 사실은 알고 있다. 우리는 점점 더 사적 공간, 요컨대 단절된 공간에 살게 되었다. 여기서 말하는 단절이란 **사회적** 단절이 아닌 **물리적** 단절을 의미한다(온라인 세계를 통해 모두가 연결된 세계에서 어떻게 단절을 말하겠는가). 한때 중산층 아이였던 나는 IMF 이후 빈곤층 아이가 되었다. 덕분에 나는 어릴 적부터 수많은 집을 전전할 수 있었다. 기억도 나지 않는 구축 빌라에서 고층 아파트를 거쳐, 오래된 가옥, 오래된 다세대주택, 구축 아파트, 그리고 다시 구축 주택으로. 대학생이 되고 나서는 신축 원룸에 살아보기도 하고, 졸업 직후엔 지하 음악연습실에서 숙식을 해결했던 적도 있다.

여러 집을 전전한 경험은 나의 경제적 조건을 알려주는 신호이기도 하지만, 주거 건물의 물리적 변화를 나에게 알려주는 신호이기도 하다. 구축 아파트에 살던 어느 날 밤, 나는 천장 위를 우다다 뛰어가는 발소리를 들었다. 그 소리는 크지 않았지만, 귀가 예민한 나를 깨우기엔 충분했다. 난 그 정체를 몰랐지만, 아버지께서는 이미 알고 계셨다. 소리의 범인은 바로 쥐였다. 또 다른 경험도 있다. 한때 내 밴드 멤버들은 문래동의 오래된 건물 지하에서 살았던 적이 있다(여긴 한때 다방이었는데, 그 다방 간판이 여전히 걸려 있다. 우리는 그 이름을 따서 이곳을 **신성다방**이라고 부른다). 그리고 새벽만 되면, 미친 듯이 뛰어다니는 고양이 소리를 들을 수 있었다.

하지만 처음 살아본 신축 원룸은 달랐다(돈이 없었던 나는 한 칸짜리 원룸에서 친구와 동거했던 적이 있다). 너무나 조용하고, 차단된, 적막한 공간이었다. 천장 위를 뛰어다니는 고양이나 쥐 따위는 없었고, 암막 커튼을 치면 햇빛조차 감히 내 영역을 침범하지 못했다. 심지어는 시간을 착각하고 새벽녘에 친구에게 전화를 건 일이 있을 정도로 나는 얼마든지 바깥세상과 단절될 수 있었다. 무엇보다 그동안 에어컨 없이 살아온 나에게 여름은 언제나 피부로 느껴지는 현실이었다. 하지만 이제 나에게 여름날의 더위는 바깥세상의 일일 뿐 더 이상 내 세계의 현실은 아니었다.

말하자면, 우리는 점점 더 세상을 차단해왔다. 그토록 연약했던 벽은 그 어떤 때보다 튼튼해졌다! 원치 않는 불청객뿐만 아니라, 원한다면, 바깥세상의 온도도, 습도도, 빛도, 바람도 이제 얼마든지 막아낼 수 있다. 어, 그런데 문제가 생겼다. 세상이 단

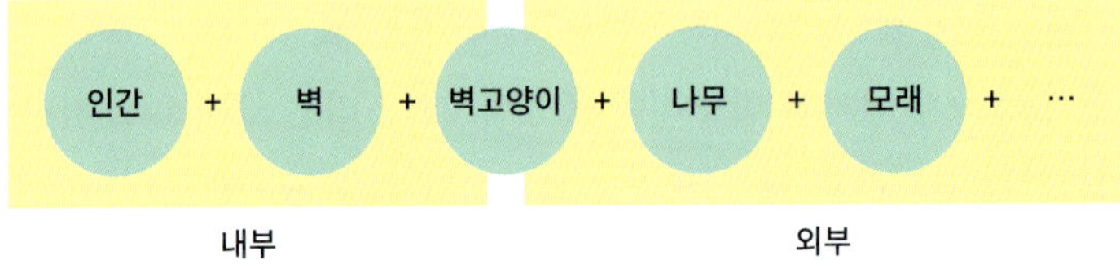

〈그림 3-2〉 이중으로 연결된 벽고양이

절되어버렸다. 벽고양이들은 더 이상 나가거나, 돌아올 수 없다. 이제 어떡해야 하는가? "인간들이여, 우리에게 문제가 생겼다 Humans, We've had a problem."

이 변화를 벽고양이의 입장에서 다시 그려보자. 본래 벽고양이는 **자유로운 노동자**다. 쥐로부터 집을 지킨다는 임무를 부여받았지만, 언제든지 그리고 얼마든지 집을 떠날 수 있었다. 말하자면, 벽고양이는 이중의 존재, 천상과 지상을 자유롭게 오가는 전령의 신 헤르메스와 같은 존재다. 〈그림 3-2〉를 보라. 벽고양이는 집 내부/외부에 걸쳐 연결된 존재이다. 고양이는 집 안에서 인간과 시간을 보내고 쥐를 잡는다. 그리고 밖에 나가 볼일을 보고 사냥하고 번식한다. 두 영역 모두 벽고양이가 삶을 유지하는 데 필수적인 조건이다. 따라서 어느 한쪽도 포기할 수 없다.

그러나 문제가 발생했다. 어느새 성장한 벽이 내부와 외부를 철저하게 차단해버렸다(〈그림 3-3〉). 더 이상 **손톱 먹은 쥐**는 없다! 사람은 묻는다. "어느 쪽으로 가겠소?" 그러나 **중립국**은 없다! 벽고양이는 오직 한 진영을 선택해야 한다. "자유냐, 아니면 공유냐, 그것이 문제로다."

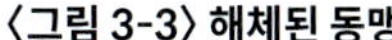

벽고양이는 이제 선택을 강요받는다. 내부를 선택하고 인간과 함께 살며 **집고양이**가 될 것인가, 아니면 자유를 선택하고 **길고양이**가 될 것인가. 고양이 마르크스는 이렇게 말할 것이다. "이제 우리에겐 두 가지 자유뿐이다. 자유를 팔 자유와 굶주릴 자유!"

동맹은 해체됐다. 새로운 두 연결망이 등장한다. 어디부터 보든 상관없지만, 왼쪽(내부)부터 보자. 내가 아무리 나누고 있을지 몰라도, 벽고양이에게 내부와 외부는 연결된 하나의 세계였다. 내부: 벽고양이는 인간과 이야기하고 부뚜막에 올라가고 쥐를 잡는다, 등등. 외부: 벽고양이는 나무를 타고 모래 위에 배변을 보고 새와 벌레를 사냥하고 다른 고양이와 사랑을 나눈다, 등등. 공간은 단절됐고, 이제 집고양이가 된 벽고양이는 바깥 세계를 포기해야 한다. 하지만 바깥 세계의 유혹은 너무나 강력해서 집고양이 대부분은 바깥 세계를 포기하기보다, 차라리 안전하고 풍요로운 세계를 내던진다.

하지만 인간-주인은 집고양이를 쉽게 포기할 수 없다. 어떻게 이 위기를 극복할 수 있을까? 인간은 고민한다. 어떻게 집고

〈사진 3-2〉 2024년 7월 3일 경기도 수원시 권선구 권선동.
집고양이는 말한다. "이제 우리는 갇혔다! 단순히 나갈
수도, 단순히 머물 수도 없다. 우린 해결책이 필요하다!"

양이가 바깥 세계의 유혹을 물리치고, 오직 집 안에 머물도록 유혹하고 강제할 수 있을까? 주인은 생각을 전환한다. "좋다. 바깥 세계가 그렇게 좋다고? 그럼 내가 그것들을 너에게 주겠다." 하지만 어떻게?

어떻게 작은 집 안으로 바깥 세계를 전부 들여오겠는가? 똑똑한 인간들은 잔꾀를 부린다. 인간들은 미메시스mimesis(모방)된 세계를 창조한다. 플라톤은 우리가 보는 모든 현실의 원형이 되는 참된 세계, 즉 **이데아**가 있다고 믿었다. 그리고 우리가 보는 현실 세계는 이데아의 모방, 즉 참되지 않은 열등한 세계라고 믿었다. 똑똑한 인간들은 플라톤이 그랬듯이 바깥 세계를 모방한 세계를 실내에 창조한다. 그들은 모래를 가져온다. "자, 봐라. 여기 모래가 있다. 네가 저 바깥세상에서 쓰던 것보다 열등할 수 있지만, 충분히 좋은 모래다. 양이 부족하다고? 걱정하지 마라. 언제든 다시 채워줄 테니." 그들은 캣타워도 가져온다. "자, 봐라. 이번엔 나무다! 네가 타던 것보다 낮다고? 대신 넌 어떤 위협도 받지 않겠지. 이 정도면 충분히 좋은 거래가 아닌가? 좋다, 내가 더 큰 선물을 주겠다. 자, 이 벽 선반들을 봐라. 얼마나 재밌겠는가!" 그러나 아직은 부족하다. 그들은 아직 사냥 본능이 살아 있다. 그래서 인간들은 또 새로운 물건들을 만들어낸다. "자, 여기 이 장난감을 봐라. 새는 아니지만, 새처럼 보이지 않는가. 네가 흥미를 느낄 수 있도록 내가 이리저리 움직여줄 수도 있다." 최후 결정타는 다음이다. "네가 밖에 나간다고 생각해봐라. 잠시는 자유롭고 좋을 수 있겠지. 하지만 넌 곧 굶주리고, 배고플 거야. 비라도 오면 며칠을 굶주릴지도 모르지. 그러나 봐라. 난 매일 네가 원할 때마다 맛있는 식사를 제공할 거야. 이래도 바깥으로 나가고 싶니?”

그 모든 요소를 고려해보라. 집고양이와 살기 위해 얼마나 많은 동맹군이 필요한가? 얼마나 전략적이며, 얼마나 창조적인가? 저 중 하나도 없이 과연 우리가 집고양이와 함께 살 수 있겠는가? 이러한 사실은 우리에게 또 다른 교훈을 준다. 인간은 똑똑하고, 창조적이다. 하지만 창조의 어머니는 인간이 아닐지도 모른다. 인공물이라 부르든, 고양이용품이라고 부르든, 어떤 동맹군도 없다고 생각해봐라. 집고양이는 주인에게 반드시 요구할 것이다. “인간이여, 나와 협상을 하자. 나를 밖으로 내보내라! 싫다면, 바깥 세계를 내 앞에 가져오라. 네가 어떤 조치도 하지 않는다면, 난 시위를 벌이겠다.” 집고양이는 집 안 곳곳에 배변을 보고, 장롱이나 책상 위를 마구 뛰어다니고, 높이 있는 물건들을 모두 땅에 떨어뜨리고, 가죽 소파나 목제 가구를 마구 긁기 시작한다. 사냥을 못 한 집고양이는 새나 장난감 대신 주인 손을 사냥한다. 어떤 방식으로든 집고양이는 요구한다. 전략의 선택은 인간 주인과 집고양이 사이의 협상이며, 다양한 인공물은 그러한 협상과 타협의 결과이다.

동맹이 변하면, 행위자도 변한다. 고양이가 들어오면, 집 안의 모든 것이 하나둘 변하기 시작한다. 하지만 사람도 변할까? 학위 논문에 쓰지는 않았지만, 이것은 사실 인터뷰하는 동안 가장 흥미로운 질문 중 하나였다(어떻게든 이 내용을 논문에 쓰고 싶었지만, 지나친 흥미본위의 내용 같아 결국 생략할 수밖에 없었다. 이렇게라도 다룰 수 있게 되어 기쁜 마음이다). 고양이와 함께 사는 사람들은 얼마나 어떻게 변할까?

엄청 많이 변했어요. 진짜 **고양이 위주로 다 변하게 했어요, 구조 자체가.** 고양이들이 높은 데를 좋아하다 보니까. 높고 창밖을 보는 걸 좋아하잖아요. 그러다 보니 아무래도 창문 쪽에 있는 가구들을 다 뺐어요. 그리고 그 자리에 캣타워를 세워서 …… 버리고 싶은 것들이 있었는데, 그 위에 판자가 있거든요. 고양이가 거기를 되게 좋아해서 제2의 캣타워같이 쓰는 거예요. 그것도 그냥 놔두게 되고, 그리고 기본적으로 높은 데 올라가면서 쓰러트리니까 다 티슈 같은 걸로 채워놨거든요. 그런 식으로 다 변한 거 같아요.

수면 부족은 진짜…… 그리고 항상 걔들이 5시나 6시에 눈을 뜨거든요. …… 그때 되면 항상 저를 밟고 다니니까 …… 늦잠을 못 자. 오늘도 4시 반인가 깨고 새벽이에요 새벽에. 와, 요즘에 다이어트를 시키고 있어서 …… 밥을 제한적으로 주다 보니까 새벽에 맨날 깨워.

[고양이털 때문에] 비싼 옷들은 기본적으로 다 옷장에 넣어놓고, 이제 좀 바깥에 꺼내놔야 되는 것들은 다 싸놓고, 걔들은 그것도 뜯어먹어요. 저도 그렇게 해주고 사는 건데 이게 이미

이불 같은 데는 지금 난리. —활동가 B

첫날에 창문으로 혹시 고양이가 뛰어내릴까봐, 화분을 놔둔 적이 있어요. 근데 얘가 거기를 올라가려다가 화분이 깨졌고. 화분에 있는 흙에다가 똥을…… 자연스러운 현상이죠. 그래서 이제 절대로 올려놓으면 안 되겠구나 그런 거라든지 뭐, 비닐 같은 걸 애가 먹으니까 또 조심하고. —활동가 C

피곤하죠. …… [질문자: 아까 잠 얘기가 나왔는데, 잠을 못 잔다고.] 저희 고양이 특히 어려서 처음 왔을 때는 언니가 거의 2시간마다 일어나서 애 진짜 밥 챙겨주고. …… 지금은 덜한데 그래도 새벽에 한 번 깨고 아침에 한 번 깨고 이런 식으로 해서 5시쯤에 일어나야 돼요. 3시 아니면 5시에 한 번 일어나서 밥 주고 놀아줘야 돼요. …… 안 놀아주면 물어요. 놀아달라고. …… 그래도 요새 좀 덜 하죠. 옛날에는 같이 안 있으면 잠 못 잤거든요. 재워줘야지 자고 저희가 재우고 2층에 올라가서 잤었는데 원래 저희가 재운 것 같아서 올라가려고 하면 벌떡 일어나서 막 따라오고 그래서 아예 저희 지금은 1층에서 다 같이 자고 2층을 제가 쓰긴 했는데, 그냥 불 끄고 무시하면 혼자 있다가 자는 편이에요. …… 저희가 처음에 데려왔을 때 찾아봤을 때는 고양이도 주인 패턴 따라서 간다고 그러더라고요. 근데 이상하게 쟤는 오전에 엄청 자고 [오후부터 저녁 되기 전까지] 깨 있어요. 오늘도 한 12시부터 자서 지금 일어났거든요. …… 밤에 엄청 놀아[줘야 해]요.

—활동가 D

아마도 그들만의 이야기는 아닐 것이다.[*] 고양이와 함께 살게 되는 그 순간부터 나**만**의 공간은 더 이상 나**만**의 공간이 아니게 된다. 법적으로 내 공간 안에 있는 모든 대상이 내 소유물일지 몰라도 실제로 우리는 그들과 공간을 **공유**한다. 단순히 고양이 화장실을 만들고, 캣타워와 스크래처를 설치하고, 방 곳곳에 고양이 장난감이 나뒹구는 수준이 아니라 그들의 삶과 선호, 흥미에 맞춰 공간 전체를 **재조직**한다. 공간뿐만 아니라 내 삶도 재조직된다. 집고양이와의 동거는 언제나 만성적 수면 부족이라는 부산물을 내놓는다. 누군가 당신에게 고양이를 키우고 싶다고 묻는다면, 다음과 같이 대답하라. "고양이를 키우고 싶다고? 잠을 줄일 준비는 됐니?"

다시 원래 이야기로 돌아가자. 난 아직 중요한 도전을 다루지 않았다. 배변 모래, 캣타워, 장난감……, 그것들은 많은 문제를 해결했다. 그러나 진정한 도전은 아직 다가오지 않았다. 곧 찾아

---

[*] 이와 관련해, 가장 인상적인 글을 공유하고 싶다. "더 이상 우왕좌왕하지 않고 자연스럽게 서로의 움직임을 지켜보면서 서로의 영역 안에서 각자의 생활을 이어나가게 되었다. …… 마음의 일부분이 연결되어 있는 듯한 기분이 들 때가 많아졌다. 나는 보니[고양이]의 영역이 되어 있었고 보니도 나의 없어서는 안 될 영역이 되어버렸다. 함께하는 삶이란 우리만의 영역을 견고하게 만들어나가는 과정이라고 생각한다. 서로의 존재를 자신의 영역 안에서 끊임없이 확인하고 인정하는 과정."(메튜, 〈두 개의 세계〉,《매거진 탁! 제1호 '집과 고양이'》, 2021, 87쪽). 고양이와 함께 살면서 겪게 되는 변화에 관한 더 많은 이야기는 다음 글들을 참고하라. 캣퍼슨 편집부,《매거진 탁! 제1호 '집과 고양이'》, 프레스탁, 2021; 팻앤스토리 편집부,《Mellow Cat Volume 1: 다정한 공간》, 팻앤스토리, 2021.

오는 발정기는 다시 한번 위기를 불러온다. 발정난 집고양이는 집 밖으로 뛰쳐나가고자 하지만 견고한 벽은 쉽게 허락하지 않는다. 저지당한 집고양이는 시위를 시작한다. 좌절한 수컷은 소변 같은 분비물을 집 안 곳곳에 뿌리고(스프레이), 암컷은 높고 큰 소리로 '아오' 하고 울어댄다. 때로는 벽 자체를 허물려고 도전한다(예를 들어, 방충망을 공격한다).

집고양이는 시위한다. "인간이여, 조치를 취하라." 물론 인간은 고양이의 요구를 묵살할 수도 있다. 하지만 이내 그럴 수 없다는 사실을 깨닫는다. 나 또한 그 사실을 깨달았다. 어느 날 함께 살던 고양이에게 발정기가 찾아왔다. 인터넷에 검색해보니, 발정기 동안은 중성화 수술을 할 수 없다고 해서 첫 발정기를 일단 견디기로 했다. 고양이는 잠시도 멈추지 않고 울어댔다. 마침내 발정기가 끝났지만, 이런저런 이유로 다시 중성화 수술을 미뤘다. 그러는 사이 예상했던 것보다 빠르게 발정기가 다시 찾아왔다. 쉽지 않았지만, 며칠 사이 두 번째 발정기도 지나갔다. 하지만 두 번째 발정기보다도 더 빠르게 세 번째 발정기가 찾아왔다. 조치하지 않을수록 발정기는 더욱 잦아졌다. 뭔가 해야 했다. 우리는 결국 세 번째 발정기가 끝나자마자 병원을 찾았다. 그냥 묵살한다고? 그것은 불가능하다. 단순히 시끄러운 걸 참고 넘기는 일이 아니다. 매 순간 고양이는 괴로워하고, 그걸 보는 사람의 마음을 괴롭힌다. 당신은 반드시 뭔가 해야 한다. 중성화 수술을 하든, 아니면 동맹을 해체하든.

그러나 내가 그랬듯, 우리는 고양이와 함께하고 싶다. 그들

길냥이로 사회학 하기

에게 유일한 방법은 **중성화**뿐이다. 중성화 없이 당신은 고양이와 함께 살 수 없다(논리적으로 불가능하지는 않겠지만). 중성화 수술이 당신에게 어떤 마음을 불러일으킬지 모르겠다. 누군가는 중성화 수술이 윤리적이지 않다고 생각할지도 모른다. 하지만 중성화는 문제를 영구적으로 제거하고, 동맹을 안정시킨다. 이제 이 동맹을 괴롭힐 수 있는 적은 없다! 그리고 중성화는 또 다른 장점이 있다. 이렇게 동맹이 완성되는 순간 힘은 완전히 역전된다. 더 이상 집고양이는 집을 벗어날 수 없다. 집고양이는 이제 모든 삶을 주인에게 의존한다. 모든 반역의 조건은 이제 사라졌다. 인간은 문자 그대로 **주인**이 되었다.

반대편은 어떨까? 자유를 찾아 떠난 고양이들. 길고양이가 된 고양이들은 이제 인간을 위해서 또는 유흥을 위해서가 아니라 주린 배를 채우기 위해 사냥을 시작한다. 되는대로 사냥할 수 있지만, 역시 가장 쉬운 먹잇감은 쓰레기봉투다. 인간이 버린 찌꺼기들은 짜고 열량이 높지만, 무엇보다 항상 제자리에 있다. 말하자면, 시간마다 채워지는 뷔페와 같다. 이제 길고양이들의 행동 목표는 변화한다. 쓰레기봉투를 사냥하라! 하지만 사냥 또한 전과 달라졌다. 이제 길고양이들은 같은 사냥감을 노리는 경쟁자들과 대결을 벌여야 한다. 다른 길고양이뿐만 아니라 일군의 사람들도 주기적으로 먹잇감을 휩쓸어간다. 더욱 나쁜 건 그들이 이제 포악한 인간의 위협을 헤쳐나가야 한다는 사실이다.

길고양이는 인간이 쫓아올 수 없는 벽, 자동차와 같은 지형지물을 적극적으로 활용한다. 한때 동맹 관계였던 이들은 이제 집 앞에 버려진 쓰레기봉투를 두고 적대적으로 대치한다. 인간은 수성하고, 길고양이는 공성한다. 다음 날 수거될 때까지 쓰레기봉투를 지킬 수 있을 것인가. 인간은 이 싸움에서 우위를 점하길 바란다. 늘 그렇듯 인간은 창조적이다. 인간은 음식물 쓰레기통이라고 부르는 새로운 물건을 창조한다. 음식물 쓰레기통은 길고양이를 막아선다. "넌 지나갈 수 없다You shall not pass!"

길고양이는 신체적인 측면에서도 분명한 변화를 겪는다. 밤새 비추는 가로등 불빛과 고열량의 음식물 쓰레기는 고양이의 발정기를 촉진한다. 길고양이의 발정기는 이전보다 빠르고 빈번해진다. 발정기 울음소리는 인간과 고양이 사이의 갈등을 더욱 조장한다. 조용한 밤을 원한다면, 그들을 침묵시켜야 한다. 잦은 발정기는 급격한 개체수 증가를 초래한다. 더 많은 길고양이는 더 많은 문제와 더 많은 갈등을 만들어낸다.

3.

세 번째 연결망:
TNR 고양이

인간들은 고민에 빠졌다. 어떻게 저들을 침묵시킬 수 있을까? 가장 좋은 침묵은 죽음인가? 하지만 죽음은 너무 거친 방법이다. 거친 방법은 거친 반대자를 만든다. 게다가 지금까지 효과도 작지 않은가? 더 좋은 방법은 없는가?

그 순간 TNR이 마법처럼 등장한다. 집고양이를 복종시킨 **아르키메데스의 지렛대**가 무엇이었는지 생각해보라. 바로 중성화 아니었나? 중성화된 고양이는 힘을 잃고 오직 인간 주인에게 의존하게 되지 않았나? 해체되었던 내부/외부 연결망 사이에 새로운 유비가 등장한다(혹은 내부 연결망의 확장). "고양이를 중성화하라. 그러면 힘을 잃게 되리라."

이 순간 독자들은 서울특별시가 제작한 '길고양이와 공존을 위한 제안' 포스터(〈그림 1-2〉)가 다시금 떠오를 것이다. TNR

프로그램은 '길고양이 개체수의 증가를 막아' 갈등과 분쟁의 원인을 제거하고, '길고양이의 울음소리와 활동반경을 줄여' 길고양이로 인한 불편을 없앨 수 있다. 그렇다. TNR은 모든 문제를 일거에 해결할 수 있는 **마법의 탄환**이다. 이 새로운 유비를 조금 더 살펴보자. 앞서 본 것처럼, 집고양이는 벽으로 둘러싸였고, 더는 밖으로 나갈 수 없다. 그렇다면 TNR 고양이는? 중성화된 고양이의 활동반경은 줄어든다. 영역 동물인 고양이는 자기 영역을 벗어나지 않을 것이다. 더 중요한 사실이 있다! TNR 고양이는 무엇보다 자기 영역에 침범하는 다른 길고양이를 쫓아내기 위해 최선을 다할 것으로 가정된다. 이로써 집과 야외 사이의 유비가 형성되고, 길 위에도 내부와 외부가 형성된다.

물론 인간의 역할도 있다. 주인이 집고양이를 돌보듯이, 캣맘/캣대디는 TNR 고양이를 돌볼 것이다. 주인이 집 연결망의 감시자이자 협상가란 사실을 기억하라. 그들은 집고양이가 연결망을 떠나지 못하도록 강제하는 한편 다양한 인공물을 통해 그들의 불만을 잠재우고, 그들의 반역 행위를 감시한다. 집고양이는 한때 정치적 영향력을 갖고 있었다. 그들은 언제든지 시위(스프레이, 물건 떨어뜨리기, 소파 긁기, 울어대기 등)를 통해 불만을 표출할 수 있었다. 그러나 연결망이 견고해질수록 그들의 삶은 점점 더 주인에게 의존하게 되었고, 그럴수록 무력해졌다. 이제 TNR 연결망의 캣맘/캣대디는 길 위에서 주인의 역할을 할 것이다. 그들은 TNR 고양이가 떠나지 못하도록 유인하고, 연결망을 감시한다.

  길냥이로 사회학 하기

그렇지만 이 유비에는 본질적인 결함이 있다. 마법의 탄환 같았던 중성화는 사실 보조 수단에 불과했기 때문이다. 그렇다. 연결망의 핵심은 언제나 **벽**이었다. 연결망의 변화 과정을 보라. 벽은 언제나 핵심적인 토대였고, 한때는 고양이마저 벽의 역할을 담당했다. 따라서 중성화로 연결망을 유지하려는 방법은 마치 최초의 연결망처럼 지나치게 높은 불확실성을 불러온다. 우리는 TNR이 왜 그토록 불확실한지, 과학자들이 왜 그토록 **통제된 실험**을 외쳤는지 이제 이해할 수 있다.

반대 상황을 생각하면, 문제는 더 깔끔해진다. 중성화되지 않은 집고양이를 생각해보라. 물론 주인은 집고양이의 정치적 시위에 맞서 괴로움을 겪을 테지만, 그 연결망은 원칙적으로 유지될 수 있다. 집고양이가 밖으로 뛰쳐나가지 못한다면, 연결망은 유지된다. 그러나 길은 **열린 공간**이고, TNR에서 가정된 벽은 너무나 부실해 보인다. 과연 이곳에서 **닫힌 공간**이 만들어질 수 있을까?

가정된 '닫힘'은 다음과 같다. ① 고양이는 영역 동물이다. 따라서 자기 영역을 벗어나지 않는다. ② 진공 이론: 중성화된 고양이는 자기 영역을 지키면서, 다른 고양이의 침입을 막는다. 그렇다면 길고양이는 얼마나 자기 임무에 충실할까? 유감스럽게도 나는 함께 어울려 다니는 길고양이들을 수없이 많이 봤다 (〈사진 3-3〉, 〈사진 3-4〉). 더구나 길고양이들은 한 번의 싸움이 치명적인 상처로 이어질 수 있기 때문에 실제 무력 투쟁을 잘 벌이지 않기도 한다.*

〈사진 3-3〉 2022년 3월 16일 서울특별시 동대문구 제기동.
마을고양이 삼식이와 그 동료(?). 삼식이는 내 앞에서 다른
고양이에 대한 적개심을 단 한 번도 드러낸 적이 없다.
옆에 있는 고양이는 금세 볼 수 없게 되었지만, 삼식이는
항상 자기 자리를 지켰고, 여러 고양이에게 자기 자리를
공유하고는 했다.

     길냥이로 사회학 하기

〈사진 3-4〉 2024년 9월 9일 수원시 권선구 세류동.
이 고양이들은 사실 셋이 늘 붙어 있는데, 사진에는 두
고양이만이 담겼다. 부록 사진을 참고하라.

〈사진 3-5〉 2021년 10월 3일 서울특별시 중구 신당동.

　　　　길냥이로 사회학 하기

〈사진 3-6〉 2023년 9월 30일 서울특별시 종로구 가회동.

물론 우리가 이미 알다시피 TNR은 단지 길고양이 수를 줄이는 것을 목표로 하지 않는다. 진공 이론은 다소 의심스러워 보이지만, 그럼에도 중성화가 길고양이 간에 벌어질 수 있는 불필요한 싸움을 줄일 수 있다는 사실은 꽤 설득력이 있어 보인다. 그러나 다른 문제들은 여전히 미해결인 채 남아 있다. 예를 들어, TNR이 된 고양이는 여전히 쓰레기봉투를 뒤질 수 있고, 지붕 위를 뛰어다니거나(〈사진 3-5〉), 자동차 보닛(〈사진 3-6〉)을 할퀼 수도 있다. 무엇보다 진공 이론이 효과적으로 작동하지 않는다면, 닫힌 공간은 만들어지지 않을 것이다.

그렇다면 어떻게 공간을 '닫을' 수 있을까? 뻥 뚫린 공간에 우리는 어떻게 벽을 세울 수 있을까? 두 가지 방법이 제시된다. 하나는 이미 있는 벽을 활용하는 것이다. 우리가 뒤에 살펴볼 고양이마을은 이 범주의 좋은 사례다. 마을을 둘러싼 도로와 하천은 고양이의 유입/유출을 (완벽하진 않지만) 막는 벽의 역할을 한다. 활동가들의 역할은 구역을 적절하게 구획하고, TNR을 실행하기만 하면 된다. 그러나 이런 유사 섬 공간은 언제 어디서나 존재하지 않는다. 따라서 추가적인 대안이 요구된다. 두 번째 방법은 사람, 즉 캣맘/캣대디 또는 활동가들을 활용하는 것이다. 그들은 이제 집 주인처럼 길 위의 관리자 역할을 부여받는다. 관

 이와 관련해서는 야마네 아키히로의 《고양이 생태의 비밀》을 참고하라. 이 책에는 다음과 같은 내용도 있다. 중성화되지 않은 아이노시마섬 고양이들은 먹이가 풍부한 곳에서는 서로 다투지 않으며, 발정기가 아닌 경우에는 자기 영역에서 다른 고양이의 흔적을 발견해도 크게 개의치 않는다고 한다.

리자들은 주기적으로 사료를 제공하고 TNR을 하고 개체수를 파악한다. 더욱 중요한 임무는 고양이들과 유대관계를 형성해 그들을 예측가능한 대상으로 만드는 것이다.

어떤 고양이와 친밀한 유대관계를 형성하고 있는 사람(관리자)은 해당 개체의 행동과 루틴을 상세하게 파악하고 있는 경우가 많다. 특히 고양이의 행동 루틴은 관리자와의 반복적인 상호작용 과정에서 더욱 강화되는 것처럼 보인다. 예를 들어, 관리자 A는 퇴근길에 삼색 길고양이와 마주친다. A는 간식을 꺼내 고양이에게 주었지만, 경계심이 강한 고양이는 A에게 다가가지 않는다. A는 간식을 바닥에 두고 집에 돌아간다. 다음 날 비슷한 시간에 A는 고양이와 마주칠 것을 기대하며 같은 장소에 찾아간다. 고양이는 오지 않았지만, 마찬가지로 A는 바닥에 간식을 두고 돌아간다. 때에 따라 둘은 마주치기도 하고 마주치지 않을 때도 있지만, 반복되는 과정에서 둘의 만남은 점차 빈번해지고 유대관계를 형성한다. 이제 A는 비슷한 시간 같은 장소에서 삼색 고양이를 기다린다. 마찬가지로 삼색 고양이는 맛있는 음식이 있는 장소를 알게 되고 곧 그 제공자도 알게 된다.[4] 서로의 행동은 점차 예측가능해진다(〈사진 3-7〉, 〈사진 3-8〉).[5]

관리자는 길고양이나 TNR 고양이가 다른 지역으로 떠나지 못하도록 계속해서 유인책을 제공한다. 유대감이 생길수록 결합은 강해지고 영역은 한정된다. 따라서 열린 공간도 점점 닫혀간다. 그러나 이런 경향성은 오직 한 방향으로만 작동할 뿐이다. 새로운 고양이는 언제든지 이 보이지 않는 경계를 넘어 이주해

올 수 있기 때문이다. 원주민의 저항이 없고 식량이 충분하다면, **이 제국주의자들은 식민지를 떠나지 않을 것이다!**

집주인과 달리 관리자는 모든 장소를 감시할 수 없다. 울타리를 칠 수 없기 때문에 사유지도 만들 수 없다. **인클로저는 불가능하다!** 그 원인은 명백하다. 울타리가 없기 때문이다. 따라서 TNR은 계속해서 덜컹거린다. 중성화는 훌륭한 수성용 무기지만, 단지 중성화**만**으로는 성을 지킬 수 없다. 그렇다면 이제 다음 질문을 던져야 할 차례다. 이 비효과적인 무기를 왜 그토록 많이 구매하는가? 도대체 이 상품의 세일즈 포인트는 무엇인가?

지금 우리는 TNR의 **본질적인 불확실성**을 이해하게 되었다. 앞서 언급된 TNR 옹호자들의 주장을 다시금 되새겨보자. 그들은 TNR의 정당성을 주장하기 위해 결코 **윤리**와 **도덕**에 기대지 않았다. 그들은 가능한 **과학**에 기댔다. 하지만 우리가 봤듯이 과학은 TNR을 정당화할 수 없다. TNR은 불확실할 뿐 아니라 반대자들도 과학을 동원해 TNR을 공격하기 때문이다. 과학은 단지 **진실이 아닌 양비론**을 말할 뿐이다(오해를 피하자면, 나는 결코 반과학자는 아니다).

결국 과학적 수사의 한계에 부딪힌 곳에서 옹호자들은 윤리적 수사에 기댈 수밖에 없다. 그러나 **단지** 윤리적 수사만은 아닐 것이다. 이제 옹호자들은 병목을 통과하기 위해 '중성화는 윤리적이다'라고 말할 수밖에 없다. 그러나 생각해보라. 중성화는 폭력적이지 않은가? **윤리적 폭력이란 가능한가?** '중성화는 윤리적이다'라는 말은 독립적으로 정당화될 수 없다. 반면, '모든 생

〈사진 3-7〉 2021년 10월 27일 서울특별시 동대문구 제기동.
집에 돌아오는 나를 기다리고 있는 삼식이. 관리자 A의
이야기는 물론 내 이야기다. 삼식이는 매일 내가 돌아올
시간쯤이 되면, 집 앞에서 나를 기다리고 있었다. 그 반대의
경우(즉, 내가 집을 나설 때)에도 마찬가지였다. (항상
그렇지는 않더라도) 나를 자주 기다리고 있었기 때문에 한때
나는 펜스 뒤 수풀이 삼식이의 잠자리라고 생각했던 적도
있었다. 하지만 실제로 그렇지는 않았다. 삼식이의 집(?)은
결국 끝까지 발견하지 못했다.

〈사진 3-8〉 2021년 10월 24일 서울특별시 동대문구 제기동.
집 밖에서 나를 기다리고 있는 삼식이. 어떻게 알았는지
삼식이는 자주 집 밖에서 내가 나오기를 기다리고 있었다. 어떨
때는 수풀 속에 있다가 내가 나오면 내 뒤를 졸졸 쫓아오기도
했다. 펜스 뒤로는 정릉천이 흐르고 있다. 삼식이는 혼자서 단
한 번도 돌다리를 건너 정릉천 반대편으로 건너가지 않았다.
그렇지만 한번은 내 뒤를 따라 함께 정릉천을 건넌 적이 있다
(우리는 건너자마자 곧바로 되돌아왔다).

　　　　　길냥이로 사회학 하기

명은 소중하다'라는 문구는 어떠한가? 이 문장은 스스로 충분히 정당화된다. 오히려 '어떤 생명은 해쳐도 된다'라고 주장하는 사람은 어떻게 '모든 생명은 소중하다'라는 명제를 우회할 수 있는지 스스로 입증해야 한다. 그러나 '중성화는 윤리적이다'라는 말은 결코 그 같은 지위를 누리지 못한다. 따라서 그들은 중성화라는 폭력이 어떻게 윤리적일 수 있는지 설명해야 한다.

그러나 지지자들은 정교한 **저울을 갖고 있다!** 그들은 저울 한쪽에 '중성화'를, 다른 한쪽에 '안락사'를 올려둔다. 그런 다음 청중들에게 묻는다. 자, 보라. 어느 쪽이 더 무거운가? 진공 이론은 다소 불완전하지만, 이 윤리적 저울에 무게를 조금 더한다. 길고양이를 제거한다고? 그렇게 해서 만약 문제가 해결된다면, 동의하겠다. 그러나 결과는 어떤가? 고양이는 길 위에서 사라지지 않는다. 아무리 안락사한들 새로 태어나는 길고양이 수가 압도적으로 많기 때문이다. 따라서 문제는 결코 사라지지 않는다. 옹호자들은 말한다. 중성화가 폭력적이라고? 인정한다. 하지만 그것은 사실 일방적인 폭력이 아니다. 중성화는 인간과 길고양이의 평화협정일 뿐이다. "미안하구나, 그렇지만 너도 같이 살려면 양보하는 게 있어야 하지 않겠니?"[6]

물론 TNR의 윤리적 수사는 오로지 윤리적이지 않다. 그것은 언제나 과학적 풍미를 담고 있다. 그렇지만 TNR의 **과학+윤리**적 수사는 한 걸음 더 나아간다. 중성화는 이제 '생식능력의 제거'가 아닌 '질병으로부터의 해방'이라는 수사와 결합한다. 요컨대, 발정과 임신은 이제 '생식'이 아닌 재생산의 '고통'으로 이해

된다. 중성화는 고통이 아니다. 오히려 고통으로부터의 해방이
다! 활동가들의 이야기를 직접 들어보라.

> 얘네의 발정기를 사람의 성욕처럼 생각을 하니까 얘네를 그
> 런 식으로 이해를 하게 된다라는 거고요. 근데 발정기로 오는
> 공포라든지 이런 혼란이라든지. 이런 거는 사람의 성격이랑
> 비교할 껀덕지는 아니다.
> —활동가 A

> 걔들은 그냥 통제를 할 수가 없잖아요. …… 너무 자주 임신을
> [하면] 사실 근육도 빠지고 애들이 오히려 임신하다가 죽는 경
> 우도 많고.
> —활동가 B

> 사실 고양이들이 인간 사람처럼 자기 신체 일부가 없어지는
> 거에 그렇게 큰 상실감이 없다고 그러더라고요. 그래서 조금
> 더 질병도 더 많이 예방하고 하면 걔네들한테도 좋지 않을까
> 하는 생각이에요.
> —활동가 E

이들은 중성화를 옹호하면서, 일관되게 고양이의 특수성
(즉, 인간과 구별되는 본성)을 강조한다. 예를 들어, 활동가 A는 길
고양이의 번식욕과 인간의 성욕이 전혀 다른 유형의 것임을 이
야기한다. 여기에서 번식욕은 '공포'나 '혼란'으로 규정된다. 활
동가 B는 빈번한 임신이 건강상의 문제를 불러일으키며, 길고양
이가 그것을 '통제할 수 없다'고 이야기한다. 이러한 이해는 번

식욕이 혼란스러울 수 있다는 A의 이해와 유사하다. 활동가 E는 길고양이가 신체 일부를 잃는 것에 대한 상실감이 없다는 사실(손해)과 이를 통한 질병 예방(이익)을 대비시킨다. 이로써 중성화 수술은 일종의 '손익계산'으로 전환된다. 활동가들은 중성화에 대한 반대는 '지나친 의인화'로, 중성화 그 자체는 '건강상의 해방'으로 규정한다.

요컨대, 중성화 수술은 더 이상 문제 해결을 위한 폭력적 수단을 의미하지 않는다. 중성화 수술은 오히려 길고양이가 고통과 두려움에서 벗어날 수 있도록 도와주는 해방적 수단이다. TNR 고양이는 길고양이와 달리 집고양이처럼 건강하고 긴 삶을 도모할 수 있는 것으로 인식된다(그러나 길에 사는 고양이 대다수는 중성화와 관련 없이 질병 또는 교통사고로 생을 마감한다). 이 전략이 성공적이라면(그리고 지금까지는 꽤 성공적으로 보인다), TNR은 매력적인 수단이 될 것이다.

이제 우리는 불확실한 TNR이 왜 그토록 구매되는지 알게 되었다. TNR은 단지 과학뿐만 아니라 많은 것들을 결합한 일련의 연결망이다. 그리고 그 연결망을 조직하고, 유지하고, 확대하는 데 가장 중요한 행위자는 아마도 활동가들일 것이다. 이제 그들을 살펴보도록 하자.

1 2024년 8월 30일 수원시 권선구 세류동. 이 사진은 화질이
좋지 않아 수록하지 않으려 했으나, 셋이 함께 있는 모습을
보여주기 위해 사용했다(〈사진 3-4〉를 참조하라).

2 2024년 11월 4일 수원시 팔달구 매향동.

3 2024년 10월 30일 수원시 권선구 세류동.

1 2025년 1월 20일 부산광역시 영도구 동삼동.
  총 세 마리의 고양이가 숨어 있다. 그중 한 마리는
  잠시 후에 낚시꾼의 생선을 훌륭하게 훔쳐내 도망쳤다.
2 2021년 8월 2일 서울특별시 동대문구 제기동.
3 2022년 7월 7일 수원시 권선구 권선동.

   길냥이로 사회학 하기

1 2023년 11월 3일 서울특별시 종로구 삼청동.
2 2024년 9월 9일 수원시 권선구 세류동.
3 2024년 9월 9일 수원시 권선구 세류동.
4 2024년 10월 28일 부산광역시 중구 광복동.

길냥이로 사회학 하기

2025년 1월 13일 수원시 권선구 권선동.
잘 보이지 않지만, 정중앙에 고양이
한 마리가 더 숨어 있다.

네 번째 미로
TNR 현장

도입:
현장으로 가는 길

석사논문을 쓰면서, 나는 한 가지 고민에 빠졌다. 길고양이에 관한 첫 기말 보고서를 작성하고 나름 만족했지만, 학위 논문이 되기에는 분량이 턱없이 부족했기 때문이다(내 첫 보고서는 A4 용지 10장 정도였고, 최종 논문은 70장 정도였다). 어떻게 분량을 늘려야 하나 고민 끝에 나는 '참여관찰'을 하기로 결정했다. 정의를 살펴보면, 참여관찰이란 "연구자가 현장에 들어가서 연구 참여자의 세계에 오랫동안 머물면서 관찰, 연구하는 방법"이다.[1] 쉽게 말해, 연구하고 싶은 집단에 **들어가서 관찰**하는 연구 방법을 참여관찰이라고 부른다.

내가 선택한 현장은 앞으로 내가 '고양이마을'(가명)이라고 부를 지역이다. 이 지역은 도시재생사업 대상지 가운데 하나로서 작은 하천과 제법 넓은 차도로 둘러싸인 사다리꼴 형태의 장

<그림 4-1> 묘호구역 홍보 포스터

홍보 포스터 외에도 묘호구역 모집글에는 다음과 같이 내용이 적혀 있었다. "고양이마을묘호구역 집사 모집 (~4/28)" "고양이마을은 ○○에 위치한 마을로, 여러 길고양이가 사람과 함께 살아가고 있습니다. 묘호구역은 고양이마을에서 길고양이와 사람들의 **공생문화**를 만들어나가기 위해 활동하는 모임입니다. 길고양이의 행복한 묘생을 위해 함께 활동해주실 집사(자원봉사자)님을 찾습니다." (강조는 필자. 포스터 제목 등은 의도적으로 삭제했다.)

소이다. 사실 이곳에서 TNR 활동을 하는 단체가 있다는 것은 우연히 알게 됐지만, 앞서 봤듯, '고양이'와 'TNR', '벽'의 관계에 온 관심이 쏠려 있던 나는 마치 섬처럼 고립된 마을 형태에 바로 마음을 사로잡혔다. 때마침 고양이마을 TNR 단체 '묘호구역'(가명)의 구인글(?)을 보게 된 나는 즉시 연락을 취했다.

묘호구역의 집사(자원봉사자) 모집 홍보 포스터를 본 건 2021년 7월 22일이었다. 포스터에 따르면 집사 모집이 이미 완료되어 모임 활동을 시작했을 듯했지만, 혹시나 하는 마음으로 나는 곧바로 이메일을 보냈다.

안녕하세요, 저는 고려대학교 과학기술학협동과정 석사과정의 권무순이라고 합니다.

고양이마을에서 길고양이와 관련된 봉사활동을 하고 계신 것을 보고 연락드리게 되었습니다.

개인적으로 길고양이와 관련된 문제, 특히 도시환경 문제와 관련한 의제에 깊은 관심을 갖고 있습니다. 지난 학기엔 과학정책과 과학지식사회학과 관련한 주제로 TNR 정책을 분석한 소논문을 작성하기도 하였고, 앞으로 이 주제와 관련하여 계속 연구를 진행해볼 생각이 있습니다.

이러한 이유로 혹시 가능하다면, 고양이마을 묘호구역 활동을 참여관찰해보고 싶습니다. 평소 캣맘/캣대디 활동에도 관심이 있어서, 가능하다면 활동도 함께하면서, 활동하시는 분들의 인터뷰도 진행하고, 여러 활동들을 참여관찰하여 연구 주제를 발전시키고 싶습니다.

혹시 가능할지 답변 기다리겠습니다.

감사합니다.

2021년 7월 22일

글을 쓰면서, 지난 이메일을 다시 보니 어떻게 저렇게 썼나 싶다. 당시에 나는 과학정책, 과학지식사회학, 참여관찰 같은 말들을 상대방도 당연히 알아들으리라 생각한 듯하다. 그럼에도 호의적인 답변을 받을 수 있었던 것은 정말로 행운이었다.

안녕하세요. 고양이마을 묘호구역입니다.

먼저 묘호구역 활동에 관심을 가지고 연락주셔서 감사합니다. 묘호구역 활동은 격주 토요일에 진행하고 있으나, 사회적 거리두기 추이를 살펴보고 있습니다.

아마도 오는 토요일과 8월 초 모임은 어려울 것 같습니다.

8월에 진행되는 일정부터 참여해보시면서 (물론 인터뷰 등은 개별 영역이나) 진행해보시면 연구에도 도움이 되지 싶습니다.

일정이 확정되면 다시 연락드리겠습니다.

감사합니다~

2021년 7월 22일

다시 말하지만, 정말로 운이 좋았다. 나중에 알게 된 사실이지만, 고양이마을 묘호구역의 실질적인 리더는 고양이마을 도시재생현장지원센터의 코디네이터인 활동가 A였다. A는 사회학을 전공한 사람이었고, 내 전공인 과학기술학을 공부한 적도 있는 인물이었다(그는 본인이 과학기술학 스터디를 했었다고 여러 번 나에게 말했다). A는 요청을 흔쾌히 수락했고, 이렇게 참여관찰이 시작되었다. 당시는 코로나19 팬데믹으로 인한 사회적 거리두기가 시행되고 있었던 탓에 묘호구역 활동도 덩달아 미뤄지고 있었다. 덕분에 나는 거의 첫 모임부터 묘호구역 활동을 참여관찰할 수 있었다. (묘호구역이 이해에 처음 조직된 모임이란 사실은 뒤늦게 알게 되었다. 이때만 해도 나는 묘호구역이 적어도 몇 년은 활동한 조직일 것이라고 근거 없는 추측을 하고 있었다.)

코로나19 팬데믹이 수그러들 기미가 없었던 탓에 다음 메일은 무려 3주가 지난 8월 12일에 받을 수 있었다.

안녕하세요. 고양이마을 묘호구역입니다.
거리두기 연장으로 계획 논의하느라 답변이 늦어져서 죄송합니다.
오는 8월 21일(토) 16시에, 하반기 tnr 앞두고 교육이랑 정기 모임을 가지려고 합니다.
일정은 16-18시로 2시간가량이며, 장소는 ○○○에 위치한 고양이마을 도시재생현장지원센터에서 진행합니다.
일정 괜찮으시면 이때 참여 가능하실까요?
감사합니다.

2021년 8월 12일

나는 곧바로 답장을 보냈다.

묘호구역 담장자님께
안녕하세요. 향후 일정 공지해주셔서 감사합니다.

8월 21일 토요일 16시 모임에 참석 가능할 것 같습니다!

혹시나 일정에 차질이 빚어진다면 미리 연락드리도록 하겠습니다.

감사합니다.

2021년 8월 12일

메일에 적힌 대로 나는 8월 21일부터 모임에 참여하여 참여관찰을 시작했다. 이후로 나는 시간을 맞출 수 없었던 한두 번을 제외하고는 묘호구역의 거의 모든 활동에 참여했다. 〈표 4-1〉은 하반기 묘호구역 활동을 정리한 것이다. 참여 인원은 나를 제외한 숫자이고, 포획을 시도한 날은 포획 성공 여부를 기입했다. 이외에도 나는 주로 모임 전후로 시간을 내서 묘호구역 활동가들과 일대일 인터뷰를 했다.

다시 8월 21일로 돌아가자. 약간 오해의 소지를 없애자면, 처음 참석한 8월 21일 이전에 묘호구역 활동이 전혀 없지는 않았다. 하지만 코로나 팬데믹으로 인해 거의 활동하지 못한 상태였다. 물론 나는 그 사실을 전혀 모른 채 참석했고, 모임원들끼리 조금 서먹해 보이는 모습에 약간 당황할 수밖에 없었다. 그렇게 나는 하반기 첫 모임부터 참석하게 되었고, 덕분에 TNR 기초 교육부터 함께할 수 있었다.

활동가들은 기초 교육을 통해 TNR뿐만 아니라 길고양이와 관련된 폭넓은 정보들을 배울 수 있었지만, 그중에서도 하이라이트는 역시 포획 방법을 배우는 시간이었다.[2] 묘호구역은 흔히

〈표 4-1〉 참여관찰 일지

연번	일자	참여관찰	참여 인원	주요 행위	포획 유무
1	8월 21일	O	6명	교육	-
2	9월 4일	O	4명	분변 청소	-
3	9월 25일	O	4명	포획	실패
4	10월 2일	O	6명	포획	성공
5	10월 4일	O	1명	방사	-
6	10월 16일	X	5명	포획	실패
7	10월 30일	O	6명	포획	성공
8	11월 2일	O	2명	플리마켓	-
9	11월 3일	X	1명	방사	-
10	11월 9일	X	2명	포획	실패
11	11월 10일	X	3명	포획	성공
12	11월 11일	O	5명	포획	성공
13	11월 13일	O	5명	방사 및 굿즈 제작	-
14	11월 27일	O	5명	굿즈 제작	-
15	12월 11일	O	5명	최종평가회의	-

통덫이라고 부르는 긴 직사각형 형태의 포획틀을 사용했다(〈사진 4-1〉). 통덫은 좌우 양쪽에 문이 달려 있는데, 한쪽은 고양이가 들어오는 입구이고, 다른 한쪽은 포획한 후 이동장으로 옮길 때 사용하는 출구이다. 포획 방식은 사실 간단하다. 포획틀 안쪽에는 발판이 있고, 발판은 긴 막대에 고리와 사슬로 연결되어 있다. 고양이가 미끼 간식을 먹기 위해 통덫 안쪽으로 깊숙이 들어

〈사진 4-1〉 2021년 9월 25일 서울특별시
고양이마을(가명).
설치된 길고양이 포획틀. 길고양이가
포획틀 안쪽으로 깊게 들어와 볼록하게
튀어나온 부분을 밟으면 입구가 닫히는
구조로 되어 있다. 포획 방법은 단순하지만,
입구만 살짝 밟고 뒤돌아 나가는 의심 많은
길고양이도 적지 않았다.

　　　길냥이로 사회학 하기

와 발판을 밟으면, 연결된 막대가 내려오면서 입구가 닫힌다. 포획틀이 짧으면, 길고양이가 틀 밖에서 미끼만 빼먹고 도망가는 경우가 있기 때문에 활동가들은 긴 직사각형의 포획틀을 사용했다. 포획할 때는 포획틀 내부의 앞단(소량), 중단(소량), 뒷단(대량)에 미끼용 간식을 설치하고, 틀 주변과 길거리에도 미끼를 뿌려 길고양이를 유인했다. 물론 이날 우리는 포획틀의 원리와 설치 방법만을 배웠기 때문에 실제로 처음 포획할 때는 우왕좌왕할 수밖에 없었다.

첫 참여관찰을 통해 얻은 또 다른 성과는 유용한(?) 인터뷰이를 얻었다는 사실이다. TNR 기초 교육은 묘호구역의 자체 활동이 아니었고, 더 큰 길고양이 보호단체의 도움을 얻어 진행되었다. 이 단체의 이름은 '길고양이와의 행복한 동행'(이하 동행)으로 지역구 단위로 활동하는 조금 더 큰 규모의 길고양이 보호단체였다. 동행은 이제 막 시작한 묘호구역보다 훨씬 오랫동안 활동을 해온 단체였다. 이때만 해도 나는 동행이 꽤 큰 단체일 것이라고 막연히 생각했지만, 동행 또한 규모가 작다는 사실을 뒤늦게 알게 되었다(사실 큰 길고양이 보호단체가 얼마나 되겠는가). 아무튼 나는 교육을 나온 동행 대표(활동가 G)와 명함을 주고받았고, 이후에 인터뷰까지 진행할 수 있었다. 그리고 인터뷰는 실제로 논문을 작성하는 데 큰 도움이 되었다.

2

만남:
활동가들과의 인터뷰

본격적으로 묘호구역 이야기를 해보자. 이들은 마을 내 길고양이 문제를 해결하기 위해 **자발적으로** 단체를 결성[*]하고, TNR 활동을 시작했다. 이들의 자발적 동기는 무엇이었을까? 이 질문은 얼핏 보아 단순해 보인다. 처음에 나는 이들이 비슷한 동기와 목적을 가지고 활동에 참여했을 것으로 추측했고, 무엇보다 길고양이 개체수를 줄이는 데 공통된 관심이 있을 것으로 여겼다. 하지만 예상과 달리 활동가들의 목적은 꽤 다양했다. 활동가들의 이야기를 듣기 전에 명시적으로 표현된 묘호구역의 대의와 목적을 먼저 살펴보자(〈그림 4-2〉).

[*] 여기에서 '결성'이란 단어는 다소 오해의 소지가 있다. 왜냐하면 이 모임은 도시재생센터 코디네이터인 A의 리더십으로 만들어졌고, 모임원 대부분은 엄밀히 말해 '모집' 되었기 때문이다. 그렇지만 이들은 분명히 자발적으로 모임에 참여했다.

그 목표는 묘호구역 홍보물에 분명하게 적시되어 있다. 이에 따르면, 묘호구역은 "길고양이와 사람들의 공생문화를 만들어나가기 위해 활동하는 모임"이며, 구체적으로 "정기적 분변 청소," "TNR과 구호 활동," "따뜻한 겨울나기"를 돕는 활동을 한다. 이 용어는 처음부터 나의 관심을 끌었다. 공생문화란 무엇일까? 그냥 공생도 아니고 공생**관계**도 아닌 공생**문화**란 무엇을 의미할까? 지금 봐도 굉장히 흥미로운 용어다. 공생이나 공생관계가 단순히 **함께 살아감**을 의미한다면, 공생문화는 **함께 창조함**을 의미하는 듯 보이기 때문이다. 문화의 핵심은 결국 창조성 아닌가? 고양이와 인간이 단순히 함께 살 뿐 아니라 함께 문화를 만들 수 있을까? 추상적이지만, 흥미로운 상상이 뒤를 잇는다. 그렇지만 심지어 이 용어를 조어했을 것으로 추측되는 A조차 인터뷰 내내 이 용어를 언급하지 않아 나를 다소 의아하게 했다(오직 단 한 명만이 명시적으로 공생문화를 언급했다).

그렇다면 그들의 진정한 동기와 계기는 무엇이었을까? 활동가들의 언어로 직접 들어보자.

> 저는 도시학 전공을 하고 있고, 이게 고양이 문제가 사실상 사람들이 만들어낸 도시 문제라고 생각했기 때문에 이론적으로, 게다가 도덕적으로도 얘네가 많이 살고 있는 지역에다가 저희가 건물을 지어야 되는데, 어떻게 해야지라고 했을 때 그래도 내가 있는 동안 뭐라도 해야겠다 생각을 해서. ─활동가 A

활동가 A는 도시재생센터의 코디네이터로 근무하며, 모임을 주도적으로 이끈 인물이다. 도시재생사업의 주요 업무 중 하나는 이른바 '앵커시설'[3]이라고 불리는 주민 시설을 건설하는 일이다. 배경을 부연하면, 앵커시설이 들어서게 될 부지는 과거 화재로 폐허가 된 장소로 많은 고양이가 자기 쉼터로 삼은 장소이기도 했다(〈사진 4-2〉). A는 곧 시작될 공사로 쉼터를 잃고 쫓겨날 난민 고양이들에게 연민과 도덕적 책임감을 느끼고 있었다. 그러나 A는 다른 질문에 단 한 번 '공생'이란 말을 언급했을 뿐 '공생문화'란 용어는 다시 언급하지 않았다.

이렇게 흥미로운 단어를 만들고도 언급하지 않은 A가 놀랍긴 하지만, 다른 활동가들 또한 공생문화를 언급하지 않았다. 오직 활동가 E만이 공생문화를 묘호구역의 핵심 가치로 언급했다.

〈사진 4-2〉 2022년 8월 27일 서울특별시
고양이마을(가명).
사진에 나오지는 않은 담을 기준으로 한쪽은 골목,
다른 한쪽은 사진 속 공사 부지이다(〈사진 4-4〉를
참조하라). 온갖 쓰레기로 가득 찬 이 공간은 놀랍지
않게도 길고양이들의 가장 안전한 쉼터가 되었다.

캣맘/캣대디들이 고양이들 안전이랑 보호 같은 거 신경 쓰면 저희 묘호구역 모임은 그것보다는 길고양이들이랑 그 외의 주민들까지도 같이 살 수 있는 공생문화를 만들기 위한 목적**으로만** 활동을 하고 있다고 생각하거든요.　　　　　　─활동가 E

E는 "길고양이들이랑 그 외의 주민들까지도 같이 살 수 있는 공생문화를 만들기"를 직접 언급하면서, 묘호구역 활동의 핵심 가치를 지적한다. 그런데 E의 '공생문화' 사용법은 다른 의미에서 더욱 흥미롭다. 왜냐하면 공생문화를 묘호구역 활동의 핵심 원리로 내세울 뿐 아니라 캣맘/캣대디와 그들 자신을 구분하는 **구획 원리**로 사용하기 때문이다. 좀 더 일반화하면, E는 '공생문화'를 통해 캣맘/캣대디와 활동가의 서로 다른 정체성을 정의하고 구별한다. 물론 이 같은 정체성 구획은 E만의 독특한 특징은 아니었다. 다른 활동가들 또한 각자의 표현으로 캣맘/캣대디와 활동가 정체성을 구분했기 때문이다.[*] (내 연구는 여기서 더 나아가지 않지만, 캣맘/캣대디와 활동가의 정체성을 구분하는 작업은 중요한 연구 과제 중 하나임이 분명하다.)

어떤 활동가는 길고양이 문제를 목표가 아닌 하나의 매개로 여기기도 했다. 활동가 B는

---

[*]　여러 활동가는 자기 자신을 캣맘/캣대디와 구분했다. 예를 들어, "사실 제가 밥을 주지만 캣맘분들하고는 못 어울리는 게 …… 그분들하고 또 다른 부류의 약간 그거에 속해 있다는 걸 느낀……"(활동가 B); "캣맘은 고양이한테 밥 챙겨주시는 분들이 캣맘이라고 생각했어요. 저는 밥을 안 챙겨주니까 캣맘이라고 생각 안 했었거든요"(활동가 D).

제가 막 그렇게 고양이 활동에도 적극적이진 않아요. …… 제가 오히려 더 관심이 가는 분야는 고양이보다는 …… 이런 고양이를 매개체로 해서 이런 고양이마을의 약간 연대감이라든지 그런 게 생기고 그런 거를 저는 오히려 더 흥미롭게 보고 있어요.

—활동가 B

다시 말해서, B의 핵심 테제는 '마을' 또는 '공동체'이며, 고양이는 그 '공동체'에 접근하는 한 측면에 불과하다(그렇다고 고양이 문제가 중요하지 않다는 의미는 아니지만).

활동가들의 목적의식은 이렇듯 다양하게 나타났다. 그러나 가장 흥미로운 사실은, 이들이 오히려 정반대의 측면에서 공통된 생각을 표현한다는 점이었다. 즉, 이들 중 'TNR을 통한 길고양이 개체수 조절'을 활동 목적으로 삼은 활동가는 거의 없었다. 활동가들의 말을 직접 들어보자.

이거[개체수 조절]는 정부나 공공의 목적이 크다고 생각하고, TNR 하는 것에 이유나 우리가 여기에 예산을 투여하는 이유를 만들어야 되잖아요. 아직 미래에 태어나지 않은 개체들에 대한 애정보다 지금 있는 그 애에 대한 애정이 더 큰 것도 있는 것 같아요.

—활동가 A

활동가 A는 자기 목적이 개체수 조절과 관련 없다고 분명하게 이야기한다. A에게 '개체수 조절'은 TNR 프로그램을 실행하기 위한 행정적 명분에 불과하다. 특히 A는 미래에 태어날 고양이보다 현재 살아 있는 고양이에 대한 애정을 드러냈는데, 이 같은 인식은 다른 활동가들 사이에서도 자주 등장하는 주제였다.

> 고양이 개체수하고는 저는 상관없는 것 같아요. 고양이라는 그런 한 생물체의 그런 행복도를 봤을 때 오히려 안 하는 것보다 하는 게 더 걔들이 삶이 행복해지지 않을까. ─활동가 B

> 고양이가 많으면은 사람들이 안 좋게 볼 것 같아서 그냥 있는 애들만 행복했으면 좋겠다 싶어서. ─활동가 D

활동가 B 역시 개체수 조절이 자기와 상관없다고 말한다. TNR은 지금을 살아가는 길고양이들의 행복을 위한 선택일 뿐이다. 활동가 D는 길고양이 개체수의 증가가 더 많은 사람에게 혐오를 불러올 수 있다고 생각했다. 따라서 개체수 조절이 필요하다고는 봤지만, 그것은 지금 살아 있는 고양이들이 혐오의 대상이 되지 않기를 바라는 마음 때문이었다. 요약하면, 길고양이 개체수 조절은 놀랍게도 활동가들의 목적과 거의 상관이 없는 주제였다. 더 나아가, 활동가들은 일반적 사실(개체수)과 개별적 사실(개체의 행복)을 분명하게 구분하는 듯 보인다. 이 주제를 더 탐구하지는 않을 테지만, 활동가들이 일반적(추상적) 사실과 개체 수준의 행복을 분명하게 구분한다는 사실은 행정 목표와 활동가 목표가 근본적으로 충돌할 수밖에 없음을 보여준다(이 두 가치의 충돌은 이후에 다시 다룰 것이다).

더 나아가, 활동가들은 TNR이 길고양이 수를 줄일 수 있다는 데도 의문을 품은 듯 보였다.

> 딱히 지금 서울에 있는 길고양이들을 합리적으로 추론할 수 있는 방법이 있을까. …… 저는 증가율을 낮추는 정도라고 생각해요.
>
> —활동가 A

> 중성화는 아무래도 한계가 좀 있다고는 생각을 해요. 약간 이 개체수를 조절을 하려면 정말 진짜, 그거에 헌신을 해야지 좀 효과가 있지 않을까.
>
> —활동가 B

> 사람들이 제일 싫어하는 게 …… 우는 소리 제일 싫어하잖아요, 싸우고. TNR로 이거 하나는 확실히 해결이, 덜할 테니까 그래서 긍정적이라고 했었어요.
>
> —활동가 E

활동가 A는 TNR이 개체수 증가율을 낮출 수는 있지만, 결국 개체수 증가 그 자체는 막을 수 없다고 이야기한다. 활동가 B는 현재 수준의 TNR 사업으로는 결코 개체수 조절에 성공할 수 없을 것이라고 봤다. 활동가 E는 TNR이 길고양이 숫자를 줄이기보다 길고양이 문제(발정음, 다툼 등)를 줄이는 수단이라고 봤다. 각 활동가는 TNR을 서로 다른 방식으로 해석하고 이해했지만, 가장 핵심적인 효과(즉, 개체수 감소)에 대해서는 크게 동의하지 않는 듯 보였다.

그렇다면 우리는 다음과 같은 질문을 제기할 수 있다. "TNR을 주요 활동 중 하나로 삼으면서 어떻게 TNR 효과를 불신할 수 있습니까?" 그러나 살펴봤듯이, 이들은 개체수라는 일반적·추상적·간접적 현실과 개체의 행복이라는 구체적·실체적·직접적 현실을 구분하기 때문에 그들 내부에서 어떤 모순도 일으키지 않는 듯 보인다. 하나의 조건만 갖춰진다면 말이다. 즉, TNR이란 이름 아래 시행되는 중성화는 길고양이의 복지를 증진하기 때문에 현 개체의 행복을 위해 TNR은 시행되어야 한다.

다음으로 묘호구역의 전략적 차원을 살펴보고자 하는데, 이를 위해 묘호구역의 제도적 여건을 먼저 살펴보자. 왜냐하면 묘호구역은 고양이마을 도시재생현장지원센터의 '주민공모사업' 중 하나로서 제도적 자원을 얻어 활동했기 때문이다. 이와 같은 여건들은 묘호구역의 활동 전략에 큰 영향을 미친 듯 보였다. 공모사업은 크게 두 가지 자원을 제공한다. 하나는 기초적인 활동 자금이다. 특히 행정 예산을 능숙하게 다룰 수 있는 (도시재생) 활동가 A가 존재했기 때문에 묘호구역은 더욱 효과적으로 자금을 활용할 수 있었다. 약소하나마 공적 자금을 활용할 수 있었던 묘호구역은 결성 직후부터 빠르게 움직일 수 있었다(물론 코로나 팬데믹으로 활동이 다소 제약되었지만). 한편, 행정 예산은 활동 조건일 뿐 아니라 제약 조건이 될 수도 있었다. 대표적으로 공모사업 예산은 길고양이 수술비용으로는 집행할 수 없었기 때문에,* 묘호구역은 수술비와 치료비를 마련하기 위한 굿즈 제작과 판

  길냥이로 사회학 하기

매에 상당한 에너지를 쏟아야 했다(운이 좋게도, 디자인 역량이 있었던 활동가 E 덕분에 이러한 활동이 가능했다).

다른 자원은 묘호구역 활동을 정당화할 수 있는 구청의 인가였다. 구청의 인가는 특히 잠재적 반대자로부터 묘호구역을 보호하기 위한 자원으로 활용될 수 있었다. 하지만 반대 결과가 나타날 수도 있었다. 만약 묘호구역 활동에 대한 주민 민원이 지속적으로 접수되었다면, 활동은 오히려 제약되었을 것이다. 따라서 묘호구역 구성원들은 언제나 잠재적 반대자(더 정확히는 민원인)를 우려할 수밖에 없었다(〈사진 4-3〉).

> 애들[고양이들] 밥터를 만들자. 이런 얘기는 조심스럽거든요.
> …… 그거는 싫어하는 분들도 있으니까. 근데 아까 얘기했듯이 이제 분변 청소나 TNR 하는 거 자체는 이제 그거에 대한 선호가 있는 일은 아니니까. 그것보다는 좀 더 공공적인 일이라는 입장이 되니까.
>
> ─활동가 A

활동가 A는 반대자, 특히 민원을 크게 우려했다(센터 직원이었기 때문에 더욱 민감했을 것이다). 따라서 활동가 A는 민원이 제기되기 어려운 활동 위주로 모임을 조직하고자 했다. 그중 가장 대표적인 방법이 바로 '분변 청소'였다.

---

* 공모사업 예산은 주민공모사업 집행기준에 편성되어 있는 비목에 따라 사용되어야 한다. 고양이의 수술 및 치료 등을 위한 적절한 비목이 편성되어 있지 않기 때문에 활동가들은 해당 명목으로 예산을 사용할 수 없었다.

그렇다면 묘호구역은 잠재적 반대자들을 계속 비가시화하기 위해 어떤 방법을 사용했을까? 크게 세 가지 전략을 활용했다. 첫 번째는 무시와 회피의 전략이다. 이 전략은 특히 포획 활동 중에 자주 나타났다. 활동가들은 길고양이 포획틀을 설치한 후 주변에 TNR을 진행 중이라는 현수막을 걸었다. 현수막은 쓸데없는 오해를 방지하고 마을의 길고양이들이 관리되고 있다는 사실을 주변에 알리는 역할을 했다. 참여관찰을 하는 동안 지역 주민들이 활동가와 적극적으로 소통을 시도하는 경우는 대부분 이때뿐이었다.

포획 활동 중 마주친 여러 주민은 활동가의 행동에 관심을 가졌고 그들이 무엇을 하고 있는지 궁금해했다. 그들은 활동가들에게 길고양이로 인해 자신이 겪고 있는 문제에 대해 토로하고, 문제를 해결하기 위한 여러 생각을 던지기도 했다. 분명히 이들은 TNR 반대자처럼 보이지는 않았다. 예를 들어, 어떤 주민은 모래와 시멘트를 이용해 스스로 작은 길고양이 화장실을 만들었다고 이야기했다. 그러나 활동가들은 지역 주민들의 이야기를 애써 무시하고 어떻게든 소통을 회피하고자 했다. 그들은 길고양이와 관련된 이야기 자체가 만들어지는 것을 원치 않는 듯 보였다. 무시당한 주민들은 얼마 되지 않아 뿔뿔이 흩어졌다.[*]

---

[*]　이와 관련된 또 다른 일화도 있다. 한번은 내가 고양이마을에서 활동하는 한 캣맘과 접촉을 고민하고 있을 때, 활동가들이 이를 권하지 않았다는 사실이다. 알고 보니, 이 캣맘은 마을 내에서 꽤 유명한 사람이었는데, 소문에 의하면 ○○학교에서 ○○역까지 2~3km 거리를 매일같이 오가며 고양이 밥을 챙기는 사람이었다. 이뿐만 아니라 지자체를 통해 자발적으로 TNR을 하고 있었다. 하지만 내가 이 캣맘과 접촉하고자 했을 때,

　　　　길냥이로 사회학 하기

〈사진 4-3〉 2022년 8월 27일 서울특별시 고양이마을(가명).
고양이마을에 설치된 ○○구 길고양이 급식소. 길고양이 급식소
사업은 2013년 강동구에서 처음으로 시작했고, 이후 다른 지역으로
확대되었다. 고양이마을에는 길고양이 급식소가 1개소 설치되어
있다. 급식소는 사람들이 많이 다니는 (비교적 주거 건물이 적은)
대로변 인도에 설치되어 있어, 실제로 길고양이가 사용하기 어려운
위치에 있다. 이렇게 비효율적인 위치에 급식소가 설치된 이유는
인근 주민으로부터 적절한 협조를 얻지 못했기 때문으로 추측된다.
이 추측이 사실이라면, 급식소의 위치는 사업의 실행과 민원
사이에서 타협해야 하는 구청 업무의 어려움을 잘 보여준다.

두 번째 전략은 분변 청소였는데, 이는 단순히 길고양이 배설물을 치우는 것 이상이었다. 예를 들어, 한 활동가는 분변 청소를 길고양이를 위한 인식개선 활동으로 생각했다.

그거[분변 청소]는 되게 좋게 평가를. 그게 인식을 좀 바꿔주는 데 기여를 하니까. 아무래도 이제 [고양이를] 싫어하는 사람들이 많으니까 그런 거를 책임을 지는 모습을 보여주면 좋다고 생각하거든요. 그게 사실은 제일 큰 것 같고. ─활동가 B

활동가 B는 분변 청소를 인식개선 활동으로 이해한다. 하지만 여기서 목표하는 인식개선은 길고양이에 대한 인식이라기보다 활동가에 대한 인식으로 보인다. 따라서 분변 청소는 활동가에 대한 우호적인 분위기를 만들기 위한 정치적 수단으로 연결될 수 있다. 활동가 A는 정치적 의도를 더욱 분명하게 드러낸다.

그렇게 시끄럽던 분들은 좀 조용해주시기도 하고 일부러 그분 집 주변에 가서 이제 눈에 보이라고 청소도 좀 하고.

─활동가 A

활동가 A는 일부러 묘호구역 활동을 싫어하는 주민의 집 주

활동가들은 이 캣맘을 '매우 피곤한 사람' '굳이 이야기할 필요가 없는 사람' 등으로 취급했다.

 길냥이로 사회학 하기

변을 청소함으로써, 그들이 반대 목소리를 내지 않도록 노력했다고 이야기한다. A는 특히 '시끄러운 사람들의 목소리를 꺼야 한다'는 표현을 많이 사용했다. 이는 TNR을 성공적으로 실행하기 위해 반대자를 침묵시키는 일이 무엇보다 중요한 임무로 생각했음을 부분적으로 보여준다. 활동가 G 또한 비슷한 요점을 지적한다.

> 우리가 하는 거는 **세균전** 비슷한 거예요. 우리가 하는 일에 호응하는 사람은 더 많아지면 우리가 원하는 사회를 만들 수 있거든요. 그러니까 그런 전략에 있어서, 그런 목표에 있어서 전략적으로 분변 청소는 되게 중요한 전략이죠. (강조는 필자)
>
> —활동가 G

'세균전'이란 표현을 사용하는 활동가 G의 용어는 더욱더 노골적이다. 이 군사적 은유는 분변 청소의 전략적 가치를 분명하게 나타낸다. 추후에 다시 논의하겠지만, 활동가 G의 발언은 특히 TNR과 같은 활동이 정치적·사회적 진공 상태에서 이뤄지는 순수한 자연적·과학적 활동이 아니란 사실을 시사한다. 말하자면, 활동가 G에게 동맹군 모집은 TNR보다 훨씬 더 중요한 임무였고, TNR 프로그램이라는 과학적(기술적) 해결책은 자신들이 목표하는 사회적 맥락을 구성하기 위한 부분적 수단일 뿐이었다. 예를 들어, 활동가 G는 인터뷰 과정에서 오히려 나에게 연구 목적과 의도를 묻기도 했다.

고양이들의 문제 중에서 TNR은 굉장히 부분적인 거잖아요.
근데 그 부분에 집중하는 이유가 [무엇이죠]?   ―활동가 G

요컨대, 활동가 G에게 TNR은 단지 기술적 수단일 뿐이며
온전한 해결책이 될 수 없다. 왜냐하면 길고양이 문제는 사회-
기술(사회+기술)적 문제이기 때문이다. 오히려 더욱 중요한 것은
더 많은 동맹군을 모아 더 큰 연합군을 소집하는 일이었다. 그리
고 지지자가 많아지면, 자연스럽게 TNR의 확실성도 올라갈 것
이다. 나는 이 문제를 다음 절에서 다시 다룰 것이다. 분명한 것
은, 이들에게 분변 청소는 단순한 봉사활동이 아닌 TNR만큼이
나 중요한 정치적 수단 또는 행동 전략이었다.

세 번째 전략은 첫 번째 전략과 유사한 '은폐'의 전략이다.
앞서 설명한 것처럼 묘호구역 활동과 관련된 논쟁은 참여관찰
동안 크게 나타나지 않았다. 하지만 포획 활동 중에는 여러 번
논쟁이 나타나곤 했다. 포획틀을 놓는 주요 거점 중 한 곳은 한
쪽으로 벽이 있고 그 벽 뒤로 폐허가 있는 좁은 골목길이었다.
벽 뒤의 폐허는 사람의 접근이 없어 많은 길고양이가 살고 있었
다. 반면 벽 맞은편은 노후화된 저층 주거지였다. 따라서 이곳엔
길고양이, 캣맘/캣대디, 일반 주민, 행인 등과 같은 다양한 행위
자들이 오고 가는 곳이었다. 그럼에도 포획틀과 현수막이 전면
에 나타나기 전까지 골목길은 고요했다(〈사진 4-4〉).

그러나 포획 활동이 전면에 드러나자, 활동가들은 여러 사
람으로부터 닦달받기 시작했다. 온갖 의견을 가진 사람들이 이

〈사진 4-4〉 2021년 9월 25일 서울특별시 고양이마을(가명).
왼쪽 아래에는 포획틀이 설치되어 있고, 오른쪽 담장 너머에는 공사
부지가 있다. 이곳은 평소에는 조용한 골목길이었으나, 현수막과
포획틀이 설치된 이후 길고양이 토론장으로 변했다. 이 사진은
길고양이로 인한 마을 내 상황을 잘 보여준다. 골목길 양옆으로
저층 주거 건물들이 들어서 있다. 오른쪽 벽 너머엔 화재로 무너진
건물이 있고, 여러 마리의 고양이가 살고 있다. 오른쪽 벽 위 그리고
오른쪽 집 지붕 위로 두 마리의 고양이가 보인다. 벽 위에 앉은
고양이는 포획틀 안에 설치된 미끼에 오랫동안 관심을 보였지만,
이날 포획되지 않았다.

들에게 말을 걸기 시작했는데, 그러한 관심은 실제로 활동가들이 이전까지 받아보지 못한 것이었다(실제로 활동가들은 당황한 듯보였다). 조용했던 골목길은 이내 길고양이를 논하는 '아고라'로 변한 듯했다. 무엇이 갑자기 이렇게 독특한 상황을 유발했을까? 내가 볼 때, 논쟁은 고양이, 배설물, 밥자리, 소음, 건물, 벽, 창문 등과 같은 구체적인 물질적 상황들에 의해 벌어지는 듯 보였다. 굉장히 추상적으로 말하면, 논쟁은 배후의 **물질적 배열과 그 관계**를 통해 구성되는 것 같았다. 이 문제를 다루기 전에 우선 활동가의 표현으로 은폐 전략에 대한 논의를 일단락 짓자.

고양이를 안 좋아하는 사람들 입장에서도 생각해서 행동해야 된다고 그런 말이었거든요 약간. 그래서 밥을 줄 때도 이렇게 대놓고 밥그릇을 주는 게 아니라 안 보이는 …… 뒤에 준다든가, 차 밑, 안 움직이는 차 밑에 준다든가, 항상 거기 주차돼 있는 차 밑에 준다든가.

—활동가 D

D는 길고양이 문제가 또 다른 문제로 이어지지 않도록 활동(더 정확하게는, 배후의 물질적 배열)을 은폐하는 방법을 이야기한다. 활동가들은 논쟁을 일으키지 않는 가장 좋은 방법은 바로 논쟁의 물질적 배열을 제거하는 것, 혹은 보이지 않게 만드는 것이라는 사실을 잘 알고 있었다. 이들이 분명하게 인식하는 것처럼, 배후의 물질들은 뭔가 중요한 역할을 하는 듯 보인다.

물질적 배열과 그 관계는 내 중요한 철학적·사회학적·학술적·지적 관심사이지만, 이야기가 너무 머리 아픈 곳으로 미끄러지지 않도록 논의를 단순화해보자. 가장 단순하게 말하면, 모든 사람은 자기가 처한 상황에 따라 문제를 다르게 인식할 수 있다. 예를 들어, 길고양이 문제는 어느 정도로 보편적일까? 말하자면, 모든 지역이 동일하게 그리고 동일한 정도로 길고양이 문제를 겪을까? 앞서 분석한 서울시 길고양이 개체수 모니터링을 보라. 서울시는 대략 다섯 개의 동질된 공간들로 분류된다. 반면, 나는 훨씬 더 큰 가변성과 다양성을 밝혀내고자 노력했다.

이제 우리는 그 가변성과 다양성의 근원을 알 수 있다. 배후의 물질적 배열과 그 관계가 그 공간만큼 다양하기 때문이다. 이런 함의는 활동가들의 말을 통해서도 알 수 있다.

진짜 생각보다 저층 주거지에 사는 사람한테는 [길고양이로 인한 불편이 크거든요].　　　　　　　　　　　　　　　　　　　　—활동가 A

본가는 이전에는 아파트였는데 지금 주택으로 이사 왔거든요. 지금 [고양이가] 좀 있는데 …… [이전에 아파트에 있을 때는 없었는데, 지금은 있다는 거죠?] 네.　　　　　　　—활동가 E

활동가 A가 지적하듯이 아파트와 달리 **저층 주거 건물**은 길고양이로 인한 불편을 키울 수 있다(《사진 4-5》). 실제로, A는 주민들로부터 길고양이 관련 민원을 꽤 많이 받는다고 이야기했다(고양이마을은 저층 주거 건물로 가득하다). 길고양이는 지붕 위를 뛰어다니며 충간 소음을 만들어내고, 마당 텃밭에 배변을 보며 악취를 풍기고, 밤마다 시끄럽게 울어대며 주민들의 잠을 깨운다. 그리고 바깥에 주차된 자동차의 보닛을 긁는다. 당신이 아파트나 방음 잘되는 신축 원룸에 산다면 길고양이는 다른 누군가의 문제겠지만, 당신이 노후한 저층 건물에 거주한다면 길고양이는 바로 당신의 문제다.

그렇다면 묻고 싶다. 문제는 길고양이인가? 아니면 다른 무언가인가? 당신은 이렇게 물을지도 모르겠다. "그렇다면 노후한 저층 건물에 사는 게 문제란 말인가!" 아니다. 길고양이**만**이 문제가 아니라면 어떻게 저층 건물**만**이 문제가 될 수 있겠는가? 문제는 길고양이와 저층 건물 그리고 기타 물질적 요소들이 어우러져 만들어낸 결과/효과일 따름이다. 말했듯이, 물질적 배열과 그 관계가 문제를 만들고 논쟁을 만든다.

얘기를 조금만 더 확대해보자. 활동가는 그리고 사람들은 어떻게 길고양이를 포획할 수 있을까? 그것도 울창한 건물 숲 사이에서? 어느 날 마주친 길고양이를 붙잡기 위해 온 힘을 다해 뛰어봐라. 고양이는 높은 담 위에서 비웃듯이 당신을 바라볼 것이다(〈사진 4-6〉).[4] 덫도 미끼도 없이 맨몸으로 우리가 길고양이를 붙잡기란 너무나 어려운 과제다. 그렇다면 묻고 싶다. 길고양이를 우리 마음대로 좌우할 수 있는 힘(말하자면, **권력**)은 어디에서 오는 걸까? 우리 자신인가, 아니면 물건들, 도구들, 즉 인공물인가? 우리에게 어떤 도구가 없다면 우리는 어떤 힘도 갖지 못하는 것 아닐까? 내가 확장하고 싶은 논의는 바로 이것이다.

     길냥이로 사회학 하기

〈사진 4-5〉 2022년 3월 3일 서울특별시 고양이마을(가명).
고양이마을에는 사진과 같이 대문이 있는 저층 주택이 많았다.
사진 속 집은 그렇지 않지만, 많은 집은 대문 위에 흙을 깔고 식물을
키우기도 했다. 그런 집들에서 길고양이는 많은 문제를 일으킬
수 있다. 식물을 파헤치고, 대소변을 보기 때문이다. 실제로 많은
주민이 길고양이 대소변으로 인한 악취 문제를 언급했다(그것이
길고양이를 싫어하는 가장 큰 이유였다). 당신이 이런 환경(즉,
물질적 배열과 그 관계) 안에 있지 않다면, 그 문제를 인식하기란
어려울 것이다.

〈사진 4-6〉 2022년 9월 10일 수원시 권선구 권선동.
사람이 어떻게 아무 도구도 없이 길고양이를 잡겠는가?
불가능하지는 않겠지만, 터무니없이 힘든 일이다.

 길냥이로 사회학 하기

힘이나 권력, 또는 신뢰와 같은 **추상적** 문제들이 사실은 **물질적** 문제인 것은 아닐까?

이야기를 **문제**에서 **권력**으로, 다시 **권력**에서 **신뢰**로 확장해 보자. 활동가-수의사 관계를 통해 우리는 통찰을 얻을 수 있다. 활동가에게 중성화 수술은 일종의 **블랙박스**라고 할 수 있다. 블랙박스는 말 그대로 암흑 상자, 즉 속을 볼 수도, 알 수도 없는 물건을 말한다. 대표적으로 기술 인공물은 비전문가에게 문자 그대로 블랙박스가 된다. 예를 들어, 나는 지금 노트북으로 글을 쓰고 있지만, 노트북이 작동하는 원리는 전혀 알지 못한다. 단지 원하는 결과를 얻기 위해 입력하는 방법을 알고 있을 뿐이다. 이처럼 작동 원리를 몰라도 사용할 수 있는 장치, 도구, 기술을 블랙박스라고 부른다.

그런데 활동가에게 중성화 수술은 정확히 블랙박스다! 활동가는 길고양이를 포획한다. 그리고 포획한 고양이를 수의사에게 **입력**한다. 입력된 고양이는 곧 중성화된 고양이(즉, TNR 고양이)로 **출력**된다. 활동가는 그 과정을 정확히 알지 못하며, 단지 수의사에게 고양이를 맡기고 대가를 지불할 뿐이다. 이 과정에서 활동가의 개입은 배제된다. 요컨대, 수의사에게 고양이를 맡기고 나면, 활동가는 그저 모든 일이 잘 끝나기를 기도할 뿐이다. "Aal izz well, Aal izz well."*

---

*　영화 〈세 얼간이〉(2011)의 대사. 'Aal izz well'이란 'All is well', 즉 '다 잘되고 있어'라는 의미다. 영화 주인공 란초는 늘 걱정이 많은 친구 라주가 걱정을 떨쳐버릴 수 있도록 이 주문을 알려준다. 란초는 같은 마을 출신의 경비에게 이 말을 배웠는데, 그 경비

그러나 만약 블랙박스가 오류를 일으킨다면? 그래서 수술 중 고양이가 결국 죽게 된다면? 중성화 수술은 언제나 실패할 위험이 있고, 실패는 고양이의 생명과 직결된다. 활동가는 수술 과정에 개입할 수 없지만, 책임은 온전히 그들의 몫이다.

포획해서 데려갔다가 이제 중성화하는 중에 죽었어요. ……
이게 잘하고 있는 게 맞나……
—활동가 A

활동가 A는 블랙박스의 오류와 고양이의 죽음이 활동가에게 어떤 도덕적 책임을 불러오는지 잘 보여준다. 무엇보다 활동가를 정의하는 활동 그 자체에 대한 회의감으로 이어질 수 있다. 따라서 수의사에 대한 신뢰는 활동가의 가장 중요한 주제일 수밖에 없다.[5] 그렇지만 이 신뢰는 무엇으로 이뤄질까? 신중한 독자라면 이미 눈치챘듯이, 배후의 독특한 물질적 배열과 그 관계들이 신뢰를 구성한다. 병원은 얼마나 깨끗한가? 포획 현장과 얼마나 가까이에 있는가? 어떤 기구를 사용하는가? 어떤 절차로 수술이 진행되는가? 수의사의 중성화 수술 기록은 얼마나 성

는 야간 순찰마다, '알 이즈 웰, 알 이즈 웰' 하고 외쳤다고 한다. 그 덕분에 주민들은 마음 놓고 잠들 수 있었다. 어느 날, 도둑이 들었는데, 알고 보니 마을 경비는 야맹증 환자였다. 주문은 "문제를 해결해나갈 용기"를 주기도 하지만, 다른 한편으로 당장 바꿀 수 없는 걱정스러운 현실에 맞서 나의 인식을 속이는 존재론과 인식론의 거리두기를 함축한다. 이 각주는 나의 다른 글에서 가져왔다. 권무순, 〈Here, There, and Everywhere: 길고양이는 우리에게 새로운 사회학을 이야기하는가?〉, 《매거진 탁!: 연구와 고양이》, 2023.

공적인가? 심지어 수의사는 얼마나 젊은가? 활동가의 신뢰는 건물, 도구, 기록 등을 통해 **구성**된다.

이 주제를 조금만 더 확장해보자. 바로 지식과 논쟁 그리고 그 물질적 배열에 관해서 말이다. 2021년 7월 30일 농림축산식품부가 내놓은 TNR 실시요령 개정(안)은 수의사와 활동가 사이에 갈등을 불러일으켰다.[6] 논쟁은 특히 기존에 금지되었던 '체중 2kg 미만 고양이'와 '임신 중인 고양이'의 중성화 수술 허용 문제를 중심으로 벌어졌다. 동물권행동 카라, 한국고양이보호협회를 비롯한 여러 단체는 해당 개정안이 TNR 사업을 민원 처리용으로 저하시킨다며, 강력히 반발했다(〈그림 4-3〉). 결국 11월 개정된 TNR 실시요령에는 활동가 단체의 의견이 대폭 반영되었고, 기존 금지 조항은 그대로 유지되었다. 이 같은 결정을 수의사협회는 **비전문가의 지나친 간섭**으로 규정하고 강력하게 반발했다.[7]

얼핏 봐도, 이 논쟁은 꽤 독특하다. 어떻게 비전문가인 활동가 그룹이 전문가인 수의사 단체에 반기를 들 수 있을까? 활동가들의 참정권과 수의사들의 전문성이 정면충돌한다! 그러나 이 흥미로운 문제를 곧바로 이해할 수는 없다. 조금만 더 시간을 돌려보자.

길고양이 중성화사업은 2002년 과천시가 처음으로 시작했고,[8] 이후 수원시(2003), 성남시(2003) 등으로 확대됐다. 서울시에서는 강남구와 용산구가 2007년 처음으로 시범 시행했고, 다음 해 전 자치구로 확대됐다. 서울시가 TNR을 도입하게 된 주요 계기로는 한강맨션 사건이 손꼽힌다. 2006년, 서울시 용산구

<그림 4-3> 동물권행동 카라 입장문

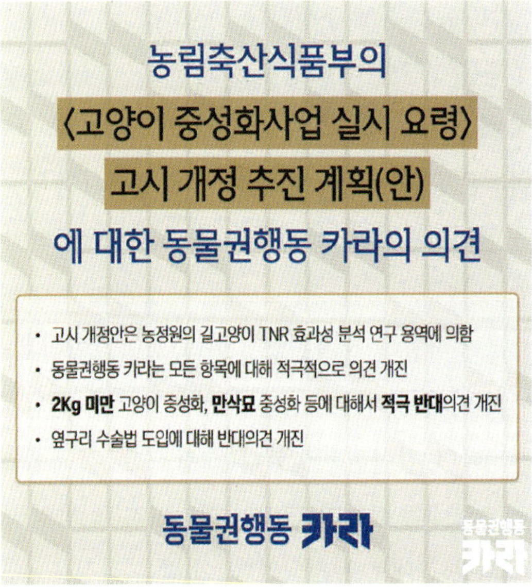

동부이촌동 한강맨션 아파트 운영위원회는 "길고양이들이 지하 전기시설을 건드려 정전사고를 일으키고, 악취를 풍긴다며 …… 지하실 9곳의 철문을 용접"했고, 그 결과 "지하실에서 몸을 피하던 길고양이들이 떼죽음"당하는 사건이 벌어졌다.[9] 이 비극적인 사건이 크게 주목받으면서, 용산구(와 강남구)는 TNR의 시범적 도입을 결정했다.[10]

그렇지만 서울시가 해결하고자 했던 진정한 문제는 무엇이었을까? 과연 서울시는 길고양이와의 진정한 공존을 꿈꿨을까? 서울시는 시범 도입 다음 해에 TNR을 전 자치구로 확대하면서, 길고양이 문제에 더욱 적극적으로 개입하겠다는 신호를 보

〈표 4-2〉 TNR 도입 전·후 민원 발생 현황

자치 단체	TNR 도입 연도	조사 시점	도입 전				도입 후				도입 전·후 분석 결과
			계	쓰레기봉투 훼손	소음	공포감 등	계	쓰레기봉투 훼손	소음	공포감 등	
계			478	132	173	173	392	120	123	149	18% 민원 발생 감소
강남구	2007	도입 전·후 6개월간	36	12	18	6	32	11	14	7	11% ↓
용산구	2007	도입 전·후 6개월간	52	18	25	9	43	19	17	7	17% ↓
과천시	2002	도입 전·후 2년간	95	28	32	35	70	22	20	28	28% ↓
수원시	2003	도입 전·후 2년간	130	28	43	59	99	21	32	46	24% ↓
성남시	2003	도입 전·후 2년간	165	46	55	64	148	47	40	61	10% ↓

민원 감소: 소음(29%)〉공포감 등(14%)〉쓰레기봉투 훼손(9%)　　　　출처:《머니투데이》, 2008.2.27.

여줬다. 그럼에도 그 진정한 목적은 민원 해소였던 것으로 보인다." 서울시가 TNR 확대를 어떻게 정당화하는지 보라(〈표 4-2〉). TNR 효과는 다름 아닌 '민원 감소'로 평가되고 정당화됐다. 길고양이와의 공존을 꿈꿨던 사람이라면, 이 같은 정당화 방식에 당연히 불만을 품지 않았겠는가? 우려는 즉각 제기됐다. 2007년 11월, 동물자유연대는 "길고양이 대책으로서의 TNR이 민원

해소뿐만 아니라, 인도적인 동물보호를 담보하여야 한다"라는 입장문을 발표했다.[12]

동물자유연대 입장문(이하 입장문)은 **전문성과 참정권의 문제**를 꿰뚫는 렌즈를 제공한다. 동물자유연대뿐만 아니라 한국고양이보호협회, 카라(아름품), 동물사랑실천협회, 한국동물보호연합, (사)한국동물복지협회 등 다양한 동물권 단체가 참여한 이 입장문은 참정권을 획득하기 위한 활동가들의 정치적 전략들을 분명하게 보여주기 때문이다. 전략적 핵심은 분명하다. 합종合從하고 연횡連橫하라.

입장문의 선전포고를 보라. ① TNR 시행업체가 되기 위해 유기동물 위탁보호소를 겸해야 한다는 조건을 철회하라. ② TNR 예산과 인원을 확대하라. ③ 동물구조관리협회에 사업을 위탁한다는 조건을 철회하라. ④ 시/구는 적정 TNR 비용을 산출하라. ⑤ 수의사를 중성화 수술의 주체로 삼아라. ⑥ 자원활동가의 참여를 보장하라. 도화선에 불이 붙는다. 그러나 어떻게 말만으로 적을 물리치겠는가? 적을 물리치려면, 배후의 물질적 배열과 그 관계들을 해체해야 한다.

입장문은 먼저 '진공 이론'을 통해 **사후관리**의 필요성을 정당화한다. 즉, "가장 효과적인 길고양이 대책"은 중성화된 고양이가 오랫동안 자기 자리를 지키도록 돕는 것이다. 그렇다면 핵심 주체는 누구인가? 바로 **자원활동가**이다. 더구나 활동가들은 이제 TNR 예산이 낭비되지 않도록 감시하는 와치독watchdog이 된다. 이로써 활동가의 참여는 정당화된다. "보라, 우리가 얼마나 중요한가!"

하지만 초대권을 받았더라도 정작 좌석이 없다면, 어떻게 자리에 앉을 수 있겠는가? 좌석은 이미 꽉 차 있다. 자리를 얻으려면, 활동가들은 이미 앉은 사람들을 내쫓아야 한다. 활동가들은 얼른 극장을 둘러보며 내쫓을 인물들을 골라낸다. 심지어 좌석을 여러 개 차지한 사람들도 보인다. 어서 그들을 내쫓아라!

입장문은 서울시와 25개 지역구를 먼저 지목한다. "너희들을 내쫓지는 않겠다. 그러나 내쫓기지 않으려면, 너희는 정당한 일을 해야 한다." 입장문은 말한다. "너희들의 임무는 민원 처리뿐만 아니라 인도적인 동물보호이다. 너희가 단지 민원 때문에 형식적으로 중성화사업을 한다면, 너희는 내쫓길 것이다. 자, 이제 우리의 선봉대가 되어 우리의 적을 내쫓자. 예산과 인원을 확충하라. TNR 비용을 만들라. 그리고 결정적으로 우리를 위한 좌석을 확보하라!" 미래에 벌어질 논쟁을 우리는 기억한다. 활동가와 수의사는 법 개정을 두고 전문성 전쟁을 벌일 것이다. 그러나 이 순간만큼은 활동가와 수의사는 합종한다. "수의사들이여, 우리와 동맹을 맺자. 중성화 수술은 오직 너희 수의사들에게만 맡기겠다."

연합군을 결성한 활동가들은 이제 자리를 뺏기 위해 용감히 돌진한다. 첫 번째 적이 규정된다. "동물구조관리협회, 너희는 나가야 한다." 입장문은 동물구조관리협회 위탁을 행정편의식 '밀어주기'로 규정한다. 동물구조관리협회는 TNR이 민원 처리용 수단에 불과하다는 사실을 보여줄 뿐이다. 활동가들은 묻는다. "그럼에도 동물구조관리협회와 동맹을 유지하겠는가?" 그러나 활동가들은 동물구조관리협회를 약화하기 위해 협회 배후의 물리적 배열과 그 관계 또한 흐트러뜨려야 한다.

활동가들은 이제 물리적 조건들을 공략한다. 활동가들은 먼저 묻는다. "너희들은 포획된 고양이를 어디로 옮기는가?" 포획된 고양이는 극심한 스트레스를 받는다. 그러나 협회는 체포된 고양이를 무려 2시간여나 걸리는 장소에 투옥한다. 스트레스는 극화되고, 중성화 수술의 실패 위험도 마찬가지로 극화된다. 수술은 훨씬 가까운 곳, 즉 수의사들에게 맡겨져야 한다. 협회가 차지한 한 자리는 이제 수의사들에게 돌아간다. 그러나 포화는 이제 시작되었을 뿐이다. 다음으로 활동가들은 동물구조관리협회의 영토를 공격한다. 활동가들은 협회가 보유한 공간이 얼마나 좁은지 보라고 소리친다. 그 사실에도 불구하고 협회는 지금까지 그저 남 탓만 남발해왔다. 하지만 입양된 고양이들조차 간혹 전염병에 걸려 병원을 찾는다. 좁은 공간은 전염병의 확산 가능성을 높인다. 활동가들은 다시 한번 협회를 비난한다. "보라, 너희들이 얼마나 보호에 소홀한지. 이제 그 자리를 우리 활동가들에게 넘겨라." 협회의 기존 동맹(물질적 배열과 그 관계)은 파열되었고, 이제 새로운 연횡이 시작된다.

그러나 아직이다. 활동가 수는 많고, 자리는 여전히 부족하다. 활동가들은 또 다른 희생양을 찾는다. 활동가들은 다시 한번 말한다. "TNR을 하려면, 유기동물 보호소를 반드시 갖춰야 한다고? 어째서인가? 만약 그런 조건을 갖춰야 한다면, 우리는 많은 자리를 얻지 못할 것이다.” 활동가들은 조건을 부수기 위한 작전에 들어간다. 그들은 또 다른 유기동물인 ‘개’를 끌고 온다. 요컨대, 이 조건은 개와 고양이의 특성을 구별하지 못한 잘못된 결정이다. 입장문은 고양이를 전염병에 취약한 동물로 규정하고, 집단적 보호가 초래할 수 있는 치명적 결과를 선전한다. 활동가들은 말한다. “범백, 허피스, 칼리스 같은 사악한 전염병들은 언제나 숨어서 때를 기다리고 있다. 고양이들을 한데 모은다고? 그때야말로 재앙이 시작될 것이다!” 보호소가 **안전 공간**이라고? 아니, 활동가들은 말한다. 보호소는 **위험 공간**이다. “당국이여, 각성하라. 당장 이 행정편의적 발상을 갖다 버려라!”

일련의 주장에서 활동가들은 기존 연결망(즉, 기존의 물질적 배열과 그 관계)을 와해하기 위해 애쓴다. 요컨대, 전문성과 참정권은 추상적인 권리도 아니고 말로만 얻을 수 있는 대상도 아니다. 배후의 물질적 배열과 그 관계를 통해 드러나고 획득되는 일종의 연결망이다. 흥미롭게도 초기 논쟁에서 활동가의 참정권과 수의사의 전문성은 충돌하지 않는다. 오히려 자기 영역을 확보하기 위해 서로 합종연횡한다. 그러나 늘 그렇듯 영원한 동맹은 없고, 하늘 아래 두 태양은 존재할 수 없다. 우리는 이미 그 결과를 알고 있다. 활동가들은 TNR의 중요한 주체로 자리매김할 것이다. 그리고 마침내 ‘시행규칙’을 두고 수의사들과 새로운 전쟁에 돌입할 것이다.

참정권과 전문성의 충돌은 뒤에서 더욱 자세하게 다루겠지지만, **물질적 배열과 그 관계**에 관한 탐구는 여기에서 잠시 멈춘다. 독자들의 머리를 더 복잡하게 하고 싶지 않기 때문이다(물론 나는 다음 장에서 머리 아픈 이론적 함의들을 끌어내려고 노력할 것이다). 그러나 이 복잡한 논의들로 이미 혼란스러운 독자들을 위해 간단한 요약문을 제공하고자 한다. 나는 지금 무엇을 말하는가? 물질적 배열과 그 관계라는 추상적·이론적 논의를 다루었다. 그렇다면 그 핵심은 무엇인가? 우리가 **추상적**이라고 생각하는 주제들이 사실은 독특한 **물질적 구성**을 갖추고 있다는 것이다. 예컨대, 문제도, 논쟁도, 힘도, 권력도, 신뢰도 말이다.

3

관찰:
TNR 활동에
참여하다

내 학문적 관심은 언제나 지식이었다. 지식은 어떻게 만들어질까? 무엇이 확실한 지식, 즉 진리일까? 진리는 존재할까? 존재한다면, 어떻게 알 수 있을까? 이런 질문들이 늘 나의 관심을 채웠다. 그런 연유로 나는 이번에 **지식의 문제**에 초점을 맞춘다. 활동가들은 단순히 지식의 **수용자**일까? 아니면 능동적인 **생산자**일까? 또는 **수용자-생산자**일까? 만약 지식을 수용한다면, 어떻게 지식을 받아들일까? 만약 지식을 생산한다면, 어떻게 그리고 어떤 지식을 생산할까? 이제 여행의 마지막 정거장인 지식의 문제를 탐구해보자.

활동가들이 수동적 수용자라는 가설에서 시작해보자. 왜냐하면 이 가설이 직관적으로 가장 그럴듯해 보이기 때문이다. 전문가들은 지식을 만들고 배포한다. 비전문가는 전문 지식을 배우고 가능한 변형 없이 응용한다. 만약 지식이 잘 작동하지 않는다면, 비전문가가 전문가의 지침을 그대로 따르지 않았기 때문이다. 내 생각은 어떠냐고? 글쎄……. 전문가가 생산한 전문 지식은 분명히 중요하지만, 적어도 내 사례에서 활동가들에게 더 중요했던 자원은 전문 지식보다는 비전문가의 지식인 듯 보였다.

TNR은 문자 그대로 '포획-중성화-돌려놓기'의 순서로 이뤄진다. 그러나 중성화 과정은 비전문가인 활동가가 개입할 여지가 거의 없고, 풀어주기가 포획보다 용이하기 때문에 비전문가-활동가가 자기 역량을 최대로 발휘하는 때는 아무래도 포획 과정이다. 그런데 이 과정에서 가장 핵심적인 역할을 한 주체들은 다름 아닌 마을 주민들이었다.

특히 도움을 준 인물들은 카페나 식당을 운영하는 주민들이었다. 예를 들어, 지하에서 식당을 운영하는 한 주민은 가게 밖 1층에 CCTV를 설치하고, 식당 안에서 자주 고양이를 관찰했다(〈사진 4-7〉). 이 주민은 화분 놓는 야외 공간을 고양이 밥자리로 사용했기 때문에, 이 가게는 사람뿐만 아니라 많은 고양이 손님이 찾는 식당이 되었다. 그 덕분에 활동가들은 이곳을 주요 포획 거점으로 이용할 수 있었다.

> 이번에도 TNR 하는데 식당 사장님이 몇 시에 누가 밥 먹었는지 다 알더라고요. 그래서 트랩 놓고 저 앉아서 밥 먹고 있는데 사장님이 그만 봐도 된다고 호빵이 2시쯤 되면 올 거라고 바로 2시쯤에 아마 쏙 들어가더라구요.
>
> —활동가 E

활동가 E는 인터뷰를 하는 동안 이 주민과 있었던 일화를 공유해주었다. 이 일화는 식당 주인이 자기 가게를 찾는 고양이 손님들에 대해 얼마나 빠삭하게 알고 있었는지를 알려준다. 길고양이 호빵이 이야기는 계속 이어진다.

호빵이는 진짜 3일 내내 의심만 하다가 마지막 날에 들어갔었어요. …… [트랩 놓는 곳도] 사장님이 알려주셨어요. …… 사장님이 호빵아 들어가 하니까 애가 깜짝 놀라서 후다닥 들어가더라고요.

—활동가 E

호빵이는 묘호구역이 포획한 마지막 고양이로, 초기부터 묘호구역의 주요 용의자였지만, 좁혀 오는 체포망을 언제나 영악하게 빠져나가는 괴도 중 하나였다. 활동가들은 호빵이를 포획하기 위해 애썼지만, 호빵이는 늘 경계를 늦추지 않았고, 그 덕분에 체포 작전은 늘 실패를 거듭했다. 그랬던 체포 작전이 막바지에 이르러서야 마침내 빛을 발한 것이다. 덕분에 호빵이는 묘호구역의 최고 성과로 일컬어졌다.* 활동가 E는 이 주민의 도움이 없었더라면, 호빵이 포획은 어려웠을 것이라고 여러 번 강조했다.

---

* 이 고양이가 주요 포획 대상이었던 이유는 덩치가 크고 마을에서 오랫동안 살아와 길고양이 개체수를 늘리는 데 상당한 영향을 미쳤을 것으로 추측되었기 때문이다. 더불어 길에서 오래 살아온 만큼 건강에도 여러 문제가 있을 것으로 추정되었다. 이 고양이의 몸무게는 6.7kg이었고, 동물병원 수의사는 "어마어마한 놈을 잡아왔다"라며 활동가들을 칭찬했다.

〈사진 4-7〉 2021년 8월 21일 서울특별시 고양이마을(가명).
건너편 카페에서 찍은 식당 사진. 입간판에 가렸지만, 화분들
안쪽으로 고양이 밥자리가 있다. 그리고 문 입구를 잘 살펴보면
화분들 방향으로 설치된 CCTV를 확인할 수 있다. 많은 고양이가
이 밥자리를 찾았으며, 뒷모습이 찍힌 검은 고양이 호아킨도
마찬가지였다.

   길냥이로 사회학 하기

이런 일화는 비전문가 주민이 활동가들에게 유용한 지식을 제공했음을 보여준다. 따라서 활동가들은 마을 주민들의 경험을 추출하여 현장에 관한 지식을 만들기 위해 노력했다. 그리고 이 임무는 주민들의 신뢰를 얻지 못한다면 불가능한 일이었다. 따라서 활동가들은 주요 주민들의 경험뿐만 아니라 신뢰를 얻기 위해 큰 노력을 기울여야 했다.

활동가의 암묵지*도 포획 활동에서 중요한 역할을 했다. 포획 활동에는 몇 가지 제한 사항이 존재한다. ① 몸무게가 2kg 미만이거나, ② 임신 혹은 수유 중인 개체는 법적으로 TNR이 금지된다(길고양이 중성화사업 실시요령 제5조, 2022.1.1. 시행).[13] 활동가들은 포획에 앞서 이런 내용들을 즉각 확인하고 싶어 했는데, 포획 경험은 길고양이에게 엄청난 스트레스를 줄 뿐 아니라 이후 활동에도 직접적인 영향을 미칠 수 있기 때문이었다. 따라서 활동가들은 목표 개체의 건강 상태를 미리 파악하고 기준에 적합하지 않은 고양이는 현장에서 곧바로 내쫓고 싶어 했다.

활동가들은 포획에 앞서 개체의 암수도 미리 구별하고 싶어 했다. 그러나 몸무게와 건강 상태를 눈대중으로 유추하는 것 못지않게 암수 구별도 쉬운 일이 아니었다. 암수를 미리 구별해야 하는 이유는 크게 두 가지다. ① 수컷보다는 암컷의 중성화가

---

* 암묵지란 "경험과 학습을 통하여 개인에게 체화되어 있지만 명료하게 공식화되거나 언어로 표현할 수 없는 지식"을 말한다. 쉽게 말하면, 이렇게 하면 잘되는데 그게 왜 잘되는지는 설명할 수 없는 그런 종류의 앎이다. 사회학자들은, 놀랍게도, 운동 같은 신체적 활동뿐만 아니라 과학 연구와 같은 지적 활동에서도 암묵지가 필수불가결한 역할을 한다는 사실을 밝혀냈다.

더 효과가 크다고 인식되었다. 더욱이 하루 중 포획할 수 있는 개체수는 한계가 있다.[*] 따라서 묘호구역은 수컷보다 암컷의 포획을 우선시했다. 또한, ② 임신/수유 중인 고양이는 TNR이 법적으로 금지되므로, 암수 구별은 이를 확인하기 위한 첫 번째 단계이기도 했다. 이 쉽지 않은 작업을 위해 활동가들은 몸집, 턱의 생김새 등을 통해 암수를 유추했다. 활동가들은 대부분 인증된 지식이 아닌 그동안 고양이를 관찰해온 경험을 통해 암수를 구별했고, 놀랍게도 대부분 성공적이었다.

　　암수를 구별했다 하더라도, 임신/수유 상태를 확인하기란 더욱 어려웠다.[**] 특히 임신 초기에는 외형적 변화가 크지 않아, 사실상 육안으로 확인하기 어려웠다. 가능한 올바른 판단을 내리기 위해 활동가들은 그동안의 관찰 데이터를 사용했다. 예를 들어, 해당 개체의 최근 임신이 언제였는가를 확인해보기도 하고, 처음 보는 고양이라면 생김새를 토대로 계보를 추론하고, 이를 통해 나이와 가임기를 추정하기도 했다. 또 마을고양이들의 출산 시기를 따져 임신 확률을 계산하기도 했다. 따라서 평소의 관찰 데이터들은 포획 활동의 중요한 자원으로 활용되었다.

---

[*]　　이런 한계는 앞서 언급한 힘/권력의 '물질적 배열과 그 관계'를 잘 보여준다. 활동가들의 포획 활동이 제한될 수밖에 없었던 이유는 그들이 보유한 포획틀과 이동장이 적었기 때문이다. 묘호구역의 힘은 그들이 보유한 포획틀과 이동장의 숫자에 따라 물질적으로 제한되었다.

[**]　　길고양이의 임신 여부를 확인하는 어려움과 중요성은 다음 기사에서도 확인할 수 있다. 〈[길냥이 중성화 논란] ① 외국은 임신묘도 수술, 태어나면 더 고통〉, 《뉴스1》, 2024.6.29..

〈사진 4-8〉 2021년 8월 8일 서울특별시 고양이마을(가명).
가운데에 얼굴 반쪽만 빼꼼 내밀고 있는 고양이를 보라(이 사진은
참여관찰 중 찍은 사진은 아니다).

〈사진 4-9〉 2021년 9월 23일 서울특별시 고양이마을(가명).
차 밑에 숨은 고양이의 꼬리를 보라(이 사진은 참여관찰 중 찍은
사진은 아니다).

 길냥이로 사회학 하기

한편, 묘호구역 활동가들은 뛰어난 관찰력을 가진 듯 보였다. 이들은 고양이들이 있을 법한 곳을 무의식적으로 알고 있는 것처럼 보였다. 길을 걷다가도 작은 틈에 숨은 고양이를 발견하거나(〈사진 4-8〉), 차 밑에 숨은 고양이(〈사진 4-9〉)를 발견하는 일이 빈번했다. 이렇게 획득한 관찰 데이터들은 포획 개체 설정, 포획틀 설치, 암수 구별, 임신 및 수유 여부 등을 판단하는 중요한 근거로 활용되었다.

활동가들은 TNR 지식을 단순히 응용할 수 없다는 사실을 이미 알고 있었다. 오히려 TNR을 **한다**는 행위는 현장에서 실시간으로 발생하는 우발적 사건들에 능동적으로 대처하는 일이었다. 활동가들은 그들이 겪은 어려움들을 토로했다.

둘째 날에 호아킨이 호빵이 앞에서 잡히는 바람에 놓쳤다고 생각을 했거든요. 밥 먹고 들어가는 바람에. —활동가 E

예상치 못한 스케줄들이 계속 픽스가 되고 또 그날로 했는데 그날에 비가 오면 또 방사를 못하니까. —활동가 A

활동가 E는 포획 중에 이미 TNR이 된 고양이 호아킨이 포획을 방해한 사건을 떠올렸다. 호아킨은 포획틀에 들어가는 것을 크게 두려워하지 않았기 때문에 묘호구역의 포획 활동을 자주 방해하곤 했다. 활동가 A는 포획 활동뿐만 아니라 중성화된 고양이를 방사하는 일에도 사실 어려움이 있다고 이야기했다.

〈사진 4-10〉 2021년 10월 2일 서울특별시 고양이마을(가명).
의심을 품고 오랫동안 기웃거리다 자리를 떠나는 고양이.
어리둥절하게도, 이 의심 많은 고양이는 잠시 후 다른 장소에서
너무나 손쉽게 붙잡혔다.

길냥이로 사회학 하기

이들의 활동은 보수를 받는 직업 활동이 아니었기 때문에 정해진 일정을 망치는 사건들은 언제나 스트레스를 유발했다.

포획 결과는 매번 예측을 벗어났다. 10월 2일, 활동가들은 길고양이 두 마리를 포획했다. 하지만 이날은 모든 활동가가 포획에 실패할 것으로 예측한 날이었다. 11월 11일, 묘호구역은 계획 외 추가 포획 활동을 수행했다. 이들은 해가 지고 고양이들의 활동이 활발해진 이후에야 포획이 이뤄질 것으로 예측했지만, 해가 다 지기도 전에 이미 모든 포획틀을 채울 수 있었다. 활동가들은 매번 다양한 상황 변수를 고려했지만, 많은 경우 예측은 빗나가기 마련이었다. 실행은 현장의 즉각적 대응에 달려 있었다.

고양이들은 한순간도 활동가의 의도대로 움직이지 않았다. 예를 들어, 고양이들은 쉽게 미끼를 물지 않았다. 활동가들은 미끼의 양, 종류, 뿌리는 방법과 위치 등을 계속해서 바꿔가며 고양이를 유혹해야 했다. 포획 활동은 크게 세 곳(A~C)을 중심으로 이뤄졌다. 한번은 A지점에서 오랫동안 기웃거리다 자리를 떠난 의심 많은 고양이가 B지점에서 곧장 포획되어 활동가들을 어리둥절하게 했다(〈사진 4-10〉). 고양이와 공간의 관계가 그 판단에 영향을 미치는 듯 보였다.

포획된 고양이의 불안정한 건강 상태도 활동을 더욱 어렵게 했다. 예를 들어, 길고양이 핑코는 중성화 과정 중에 다리가 썩고 있다는 사실이 발견되었다. 결국 핑코는 다리를 절단할 수밖에 없었고, 묘호구역은 예상치 못한 재정적 부담을 안게 되었

〈사진 4-11〉 2022년 1월 30일 서울특별시 고양이마을(가명). 다리를 수술한 고양이 핑코. 왼쪽 뒷다리가 반쯤 잘려 있는 것을 볼 수 있다.

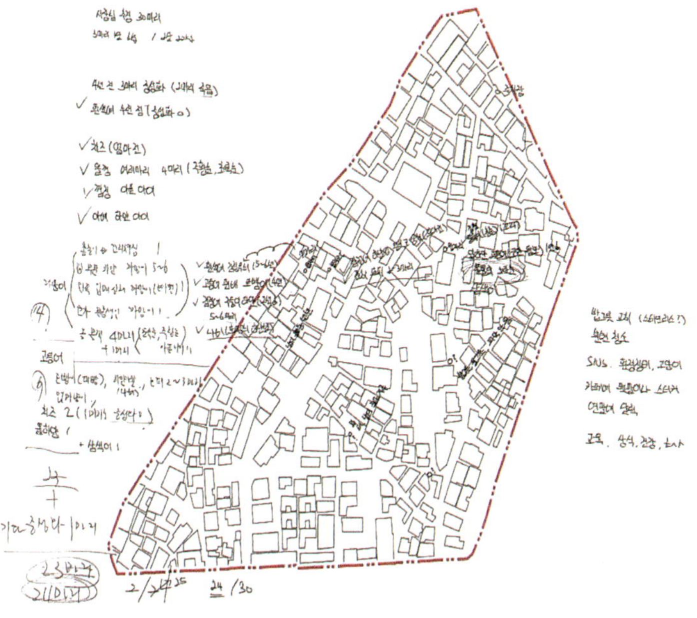

다(〈사진 4-11〉). 핑코는 다소 예외적인 사건처럼 보이지만, 길고양이들은 대부분 귀진드기, 구내염, 눈병 등을 앓고 있었다. 그럴 때마다 묘호구역의 재정적 부담은 늘어갔다. 결국 묘호구역은 굿즈를 제작하고 판매하는 등 집중적인 모금 활동을 벌일 수밖에 없었다. 한편으로, 다리를 절단한 핑코의 사례는 묘호구역의 수익 활동을 정당화하고, 묘호구역 활동의 윤리적 측면을 강조하는 모범적인 사례로 많이 언급되었다.

활동가들은 매번 자기 경험과 관찰을 토대로 판단하고 행동해야 했다. 묘호구역은 경험을 통해 배움을 얻고, 그 배움을 통해 수행 방식과 절차를 변화시켰다. 공식적인 지침은 여백이 지나치게 많았다. 경험과 관찰이야말로 활동을 위한 가장 중요한 지적 자원이었다(〈그림 4-4〉).

흥미롭게도, 굿즈 판매는 재정 확보와 동시에 잠재적 지지자를 발견하고 끌어들이기 위한 정치적 전략으로 해석되기도 했다.

> 굿즈를 사가는 행위로 이제 좀 응원을 하시는 분들이 좀 있더라고요. …… 저분들이 잠정적으로 고양이를 아끼시는 분들이군.
>
> —활동가 A

활동가 A는 '잠재적 지지'를 '구매 행위'로 번역하고, '판매 수익'은 '잠재적 지지자의 수'로 번역한다. 즉, 활동가 A의 해석에서 높은 판매 수익은 충분한 재정 상태를 의미할 뿐 아니라 고양이마을 안에 존재하는 수많은 (잠재적) TNR 지지자를 가리키게 된다.

다시 한번 상기하면, 분변 청소는 단순한 봉사/청소가 아닌 반대자를 침묵시키는 재치 있는 전략이었다. 길고양이 문제는 배후의 물질적 배열과 그 관계를 통해 구성된다. 분변 문제 또한 마찬가지다. 고양이는 배변을 본 후 덮는 습성이 있다. 텃밭뿐만 아니라 모래나 먼지만 쌓여 있다면 어디든 길고양이 화장실로 변할 수 있었다. 하지만 여러 활동가는 사실 본인이 분변이 아닌 쓰레기를 청소하고 있다고 여러 번 지적했다.

고양이 똥이 많아봤자 사실 제일 쓰레기 많은 건 사람 담배꽁
초고.

─활동가 A

쓰레기도 솔직히 그 고양이 건 조금이고 쓰레기가 엄청 많잖
아요.

─활동가 D

활동가들은 사람이 버리는 쓰레기에 비하면 길고양이 분변
은 사실상 큰 문제가 아니라고 강조한다. 이들은 오히려 이 문
제가 그 배후의 물질적 관계에 따라 달라진다는 사실을 잘 알고
있었다. 예를 들어, 창문 바로 앞에 화단이 있는 반지하 원룸, 텃
밭을 키우는 집, 대문 위에 화단을 조성한 집을 생각해보라. 그
리고 이곳들엔 냄새나는 고양이 똥으로 가득하다. 잠깐 스쳐 지
나가는 사람이라면 그 냄새는 쉽게 무시할 수 있을지 모르겠다
(심지어 인식조차 하지 못할 것이다). 그러나 내가 그곳에 살고 있다
면? 고양이 똥의 강력한 **행위성**을 어떻게 무시할 수 있겠는가!

그러니 분변 청소가 얼마나 **효과적인 전략**인지 생각해보라.
이 전략은 문제 배후의 물질적 배열을 제거함으로써 반대자를
실제로 잠재운다. 흥미로운 사실은 분변 청소가 불러온 부수적
이익이다. 분변 청소가 다름 아닌 마을 상인들의 호의를 불러왔
기 때문이다.

처음에 은근히 이게[묘호구역] 좀 많이 논쟁이 되었어요. 도
시재생사업한다고 하면서 고양이들 밥 주는 사업이나 하냐

······ 센터 내에서도 주민분들이 저런 얘기하시는 분도 있는데 굳이 해야 되나 이런 얘기. 계속 어쨌든 청소하고 다니고 하니까 상인분들 입장에서는 ······ 좋은 활동을 하는데 왜 그러냐······

─활동가 A

흥미롭게도, 분변 청소는 묘호구역과 마을 상인의 서로 다른 이해관계를 공통된 이해관계로 번역한다. 묘호구역이 본격적으로 활동을 시작하기 전에 둘의 이해관계는 서로 상충하는 듯 보였다. 마을 상인들은 도시재생사업의 예산 일부를 길고양이들에게 쓰는 데 부정적이었다. 하지만 분변 청소는 마을 청소와 크게 분리되지 않는 활동이었고, 결과적으로 마을 상인들을 우호적으로 변화시켰다. 이뿐만 아니라, 상인들의 지지는 도시재생사업으로서 묘호구역 활동을 정당화하는 또 다른 효과를 불러온다.[*] 이제 '도시재생의 가치'와 '길고양이 복지'라는 서로 다른 이해관계는 묘호구역, 특히 분변 청소를 통해 하나의 이해관계로 번역된다.

그렇다 한들 어떻게 모든 반대자가 사라지겠는가? 잠재적

---

[*]   학위 논문에서 나는 다음과 같이 각주를 달았다. "실제로 묘호구역의 주민공모사업 심사에 참여했던 평가자(타 도시재생현장지원센터 직원) 중 한 명과 관련된 이야기를 나눌 수 있었다. 이 심사자는 다른 주민과의 마찰이 생길 것이 너무나 자명해 보였기 때문에 심사 과정에서 묘호구역 활동에 상당한 우려를 표시했다고 이야기하였다." 이제 와서 밝히자면, 당시에 나는 다른 도시재생센터에서 코디네이터로 근무하고 있었다. 그리고 심사 평가자는 바로 내가 근무하는 도시재생센터의 국장님이었다. 직장 환경 덕분에 나는 내부자이자 외부자로서 저층 주거지와 길고양이 문제를 탐구할 수 있었다.

     길냥이로 사회학 하기

반대자는 여전히 상당할 것으로 추측되었고, 더욱 능동적인 전략의 필요성은 계속해서 제기되었다.

> 주민공모사업 평가회의 때 …… 다른 분들이랑 (직접적으로) 교류하는 자리가 좀 더 있으면 좋겠다.
> —활동가 A

주민공모사업 팀들은 '평가회의'를 통해 활동 결과를 보고하게 되어 있다. 묘호구역은 이 자리를 통해 지역 주민 및 도시재생현장지원센터 관계자들로부터 직접적인 활동 평가를 받을 수 있었다. 묘호구역이 주로 활용한 '회피와 무시' 전략은 여기에서 부분적으로 거절되었다. 관계자들은 묘호구역 활동이 수동적이라고 평가했다. 이로써 묘호구역은 주민공모사업 집단으로 남기 위해 좀 더 능동적인 전략을 활용할 필요가 생겼다.

요컨대, 묘호구역이 TNR을 하는 과정은 생각보다 복잡했다. 공식적인 절차는 여백이 너무 많았다. 활동가들은 경험을 통해 얻은 지식과 정보를 통해 그 여백을 채워야 했다. 무엇보다 TNR은 세 가지 절차(즉, '포획-중성화-돌려놓기')를 훨씬 넘어선 활동이었다. 사회적·정치적·경제적·문화적 기압 속에서 활동가들은 효과적으로 TNR을 하기 위해 반대자를 침묵시키고 옹호자를 식별하는 수많은 전략을 활용해야 했다. 묘호구역 전략은 분명히 성과가 있었지만, 또한 한계를 드러냈다.

학위 논문에서 나는 한계를 지적한 후 다음과 같이 서술했다. "능동적인 전략의 필요성이 대두되었고, 새로운 행동 전략은 묘호구역이 구성한 연결망을 시험하는 새로운 도전을 불러올 것이다." 그리고 몇 년이 흘렀다. 묘호구역은 결국 자기 생존을 위협하는 문제와 도전을 넘어서지 못했다.

 길냥이로 사회학 하기

4.   성찰:
현장지

지금까지 나는 전문가 지식의 한계를 지적하고, 활동가들이 구성한 비전문가 지식의 가치를 옹호했다. 현명한 독자라면 다음과 같이 묻지 않을까? "좋다, 옛사람들도 인정했다시피 경험은 중요하다. 그 사실은 나도 인정한다. 하지만 여기에는 중요한 문제가 있다. 만약 TNR이 전문/과학 지식이 아니라면, 우리가 왜 TNR을 해야 하는가? 객관성도 없고 확실하지도 않은 기법을 우리가 왜 사용해야 하는가? 하지만 만약 TNR이 전문/과학 지식이라면, 비전문가가 어떻게 참여할 수 있겠는가? 당신은 비전문가 지식을 옹호하기에 앞서 이 문제를 먼저 다뤄야 했다!" 그렇다. 전문성을 훼손한다면, 실행 정당성도 훼손된다. 그러나 전문성을 방어한다면, 참여 정당성이 훼손된다. 진정한 모순 아닌가! 그러나 독자들이여, 걱정하지 말라. 늘 그렇듯, 우리는 행위자들을 졸졸 쫓아감으로써 정전협정을 체결할 수 있다. "육지를 발견했다Land ho! Land ho!!"

그러니 주인공들의 이야기에 좀 더 귀를 기울여보자. 놀라운 사실은 우리의 주인공들조차 이 지점에서 의견이 정확히 갈린다는 점이다.

> TNR 그 행위 자체도 의료 분야고 TNR로 인해서 생기는 고양이에 대한 변화도 다 생명이랑 연관된 과학이라고 생각해서 당연히……
>
> —활동가 E

> 개체수 조절이라는 목적으로 시작되긴 했지만, 방법론적으로 대두된 과학이라고 저는 생각을 하고요. …… 저희가 할 수는 없잖아요. 수의사가 하잖아요. 의료과학이죠.
>
> —활동가 A

> 잘 모르겠어요. …… 의료 활동.
>
> —활동가 C

일부 활동가는 TNR을 과학적 지식으로 분류했다. 그 근거는 크게 두 가지로 나타난다. ① TNR은 의료 행위이며, 의료 행위는 과학적 행위이다. ② TNR은 수의사가 한다. 수의사는 과학적 주체다. 따라서 TNR은 과학적 지식이다. 충분히 공감되는 입장 아닌가? 그렇다면 반대자들은 어떻게 말할까?

그냥 일종의 사회 활동으로 보지 않나라는 생각을……

―활동가 F

제가 생각하는 과학의 이미지로는 과학이 아닐 것 같아서……

―활동가 D

활동가 F는 TNR을 지식보다는 (사회) 활동으로 여기는 반면 활동가 D는 자기가 생각하는 과학의 이미지와 TNR 사이의 간극을 인식한다.*

흥미로운 사실은 이렇게 의견이 갈리는 와중에도 활동가들이 기존 TNR, 특히 지자체 TNR의 한계점을 한목소리로 표현한다는 점이다.

구청에 전화를 하면 TNR을 받아주는데, 그걸 저는 아무 생각 없이 그냥 고양이가 자주 보이는 동네에 살면 전화를 해서 시키면 되겠다 싶었는데 이번에 TNR 하면서 …… 그냥 돌아다니면서 좀 봤다고 TNR 신고를 하는 건 좀 힘들 것 같다고 [생각했고] 정말 잘 아는 사람들 도움이 없으면 좀 힘들 것 같다고.

―활동가 E

TNR이야말로 …… 전문가적 지식보다 시민들의 생활에서 나

오는 경험적 지식이 더 강조되고 필요되는……　　　　　　　　　—활동가 A

활동 진행하면서 느끼는 건데 …… (다른) 사람들이 조금 더
인식할 수 있게끔 해야 되기는 하겠다.　　　　　　　　　—활동가 F

활동가 F는 TNR을 **그냥** 할 수는 없다는 점을 지적한다. 무엇보다 F는 다른 사람들의 인식을 말하면서, 마치 **진공이란 없다**를 분명하게 표현하는 듯 보인다. 활동가 E는 현장 지식 없이 무작정 TNR을 할 수는 없다고 말한다. 나아가 활동가 A는 일반 시민이 일상에서 획득하는 비전문적·경험적 지식을 TNR의 핵심 자원으로 지목한다. 요컨대, 이런 요소들을 고려하지 않는 지자체 TNR은 성공하기 어렵다. 말하자면, 전문가 지식과 (반드시는 아니지만) 다소 대비되는 경험적 지식이 중요하다.

그렇다면 우리는 어떻게 경험적 지식을 고려하고, TNR을 성공으로 이끌 수 있을까? 활동가들은 단순한 '지식'을 넘어선 '이해'를 공통되게 가리켰다. 그렇다면 '이해'란 무엇일까? 활동가들은 다음과 같은 것들을 TNR의 '이해'로 손꼽았다. ① 지식으로서 TNR, ② 실천으로서 TNR, ③ TNR로 인해 발생할 수 있는 결과에 대한 인지. 활동가들의 말을 직접 들어보자.

포획과 방사가 끝이 아니다. …… 바다에 떠 있는 빙산과 같은
거죠.　　　　　　　　　　　　　　　　　　　　　—활동가 A

　　　　길냥이로 사회학 하기

보고 듣고 공부한 것만으로는 채워지지 않았는데 TNR 직접 활동을 해보면서 경험해보고 …… 과정이 쭉 연결되면서 제대로 이해가 되고.

—활동가 E

사람들이 겪는 피해랑 그런 게 TNR이 사람들한테 어떤 좋은, 좋은 점을 갖다주는지나 …… 더 잘 알게 되고.

—활동가 D

왜 이거를 하고 이거에 대한 결과가 어떻게 되는지……

—활동가 F

활동가 A는 TNR이 단지 '포획-중성화-돌려놓기'가 아니며 암묵지와 경험이 반드시 요구된다는 사실을 지적한다. 활동가 E 또한 유사하게 실천 경험을 강조했다. 활동가 D와 F는 TNR이 가져올 영향과 결과에 대한 고려를 '이해'의 중요한 요소로 포함시켰다. 따라서 활동가들은 '이해'를 말하면서 단지 전문적·명시적 지식**만**을 말하지 않는다. 오히려 이러한 지식은 빙산의 일각으로 취급된다. 이해란 오직 직접적인 실천을 통해서만 얻을 수 있는 결과/효과로 여겨지기 때문이다.

물론 독자들은 말할 것이다. "그러나 아직 해결된 것은 없다. 네가 말한 것은 단지 활동가들이 TNR을 전문/과학 지식으로만 취급하지는 않는다는 사실 아니냐? 어서 모순을 해결해보라!" 문제는 아직 해결되지 않았지만, 우리는 활동가들의 말에 좀 더 주의를 기울여야 한다. 왜냐하면 이들이 경험적 지식과 이해를 강조하면서도, 본인들의 전문성에 대해서는 어떤 말도 하지 않기 때문이다.

이들은 오히려 본인을 '봉사자'로 평가했다. 예를 들어, '못 본 척 넘어가지 못한 사람', '자원봉사자', '고양이 똥 치우는 사람' 등으로 자신을 정의했다. 말하자면, 이들은 전문가의 한계를 보완/개선할 수 있는 '시민 전문가'나 '비공식 전문가'로서 자신을 정의하지 않았다. 오히려 '전문가' 역할은 전적으로 수의사에게 주어졌다. 이를 잘 보여주는 사람은 바로 활동가 A다. 활동가 A가 했던 말을 다시 한번 살펴보자.

[TNR이 과학인 이유는] 어쨌든 TNR은 수의사가 행하는 의료 체계니까 …… 저희가 할 수는 없잖아요. 수의사가 하잖아요.

—활동가 A

일반 시민의 비전문적 지식을 그렇게 옹호했던 활동가 A는 다소 갑작스럽게 방향을 전환한다. TNR은 다시금 오직 전문가만이 할 수 있는 행위로 새롭게 정의된다. 비전문가의 한계는 분명하게 정의된다.

이 방향 전환이 얼마나 흥미로운지 살펴보라. 활동가 A는 '수행할 수 없음'을 '과학'과 분명하게 연결한다. 그 순간 활동가의 역할은 제한되지만, TNR은 다시금 과학과 분명하게 연결된다. 우리는 또 다른 상황에 주목해야 한다. 과학이란 권위는 활동가의 기여를 제한한다. 그러나 마찬가지로 비전문가인 반대

 길냥이로 사회학 하기

자들의 의견 또한 제한할 수 있게 된다. "TNR이 효과가 없다고? TNR을 해서는 안 된다고? 반대자여, 그러나 당신은 비전문가가 아닌가? 여기 수의사들이 있다. 이들을 반박해보라. 할 수 있다면." 더 이상 반대자들이 어떻게 활동가들만 비판할 수 있겠는가? 비판하고 싶다면 그들은 과학(수의학)의 권위까지 반박해야 한다.

여기에서 우리는 또 다른 현실에 주목해야 한다. 묘호구역은 이제야 활동을 시작했고, 그 기반과 권위는 무척이나 취약하다. 생각해보라. 맨손으로 수많은 정치적 적에게 대항해야 하는 순간에 과학적 권위란 얼마나 효과적인 정치적 무기인가! 그러나 다른 논쟁(즉, TNR 실시요령 개정과 관련된 논쟁)에서 볼 수 있듯이, 안정된 기반을 확보한 활동가라면 더욱 적극적으로 자기 전문성을 주장할 수도 있지 않을까? 묘호구역 멘토였던 활동가 G처럼 말이다.

수의사보다 우리가 더 많은 경험[을 가진] 실질적인 전문[가]라고 말하기는 좀 어려울 수 있지만 **어쨌든 그들보다 더 많은 경험치를 가지고 있고 일반화된 지식을 가지고 있을 수 있어요.** 그러니까 그런 점에서는 이제 저희가 어필할 수 있는 부분이 있는 거죠.

구청이나 관청에서는 그 사업을 사업 파트너로서 병원을 선택을 했잖아요. 그러니까 그 병원을 선택한 이유는 TNR의 수술은 반드시 필요하고 거기에서는 이제 전문적인 전문가가 있어야 되고 그렇기 때문에 전문가하고 바로 계약을 해야지만 할 수 있다라고 생각을 해왔었던 거잖아요. 근데 저는 그렇게 생각하지 않아요. 구청과 그 TNR의 사업 파트너가 되는 뭐가 되면 그 대상이 의사를 고용할 수 있으면 돼요. 어떻게 보면은 더 적합한 의사를 찾을 수도 사실 있는 거니까 그래서 저는 사실은 구청이나 지자체와 동물단체가 계약을 해야 된다고 생각을 해요. …… 수의적인 처치에 대해서는 수의사의 의견들을 존중할 수 있지만 그렇지만 **그 외적인 부분에 대해서는 그들도 전문가는 아닌 거죠.** (강조는 필자)　　　―활동가 G

그러니 우리는 질문에 답할 수 있다. 활동가들은 얼마나 영악한가? 명확하지는 않을지라도, 활동가들은 과학과 정당성의 간극을 분명히 체감하는 듯 보인다. 그들은 자기 상황에 맞춰 과학이란 권위를 자유롭게 활용한다! 그 간극은 활동가들을 결코 제약하지 못한다. 활동가들은 오히려 더 효과적인 전략을 만들어내기 위해 그 간극을 자원으로 이용한다.

난 여기서 한 발짝 더 나아감으로써 우리 주인공들의 이야기를 마치고 싶다. 이들이 과학이란 자원을 어떻게 이용하는지 보라. 어떻게 이들을 수동적인 행위자라고 부를 수 있겠는가? 반대로, 이들이 얼마나 성찰적으로 자기 자신을 이해하는지 보라.

처음에는 몰랐는데 …… 우리가 하는 이런 일들도 그런 것들

[환경운동] 중에 일부가 아닐까라는 생각이 들면서 …… 조금 더 우리가 배웠으면 좋겠다는 생각을 해요.

—활동가 C

좋았던 점 하나 더 생각났는데 …… 생각의 폭이 넓어져서 좋았어요.

—활동가 D

죽어서 이제 무지개다리 건너서 화장도 해주고 했었는데 그러니까 이게 잘하고 있는 게 맞나 약간 그런 순간이 오는 것 같아요. 근데 어쨌든 뭐 그냥 그때부터 이제 공부하는 거지. TNR 하는 게 진짜 도움이 되는 거겠지 얘네한테. 막 이렇게 공부해보고……

—활동가 A

처음 고양이를 목격하게 됐어요. 근데 그 목격을 했을 때 굉장히 놀라웠어요. …… 고양이는 그거[쥐]에 비해서 훨씬 큰데 누군가의 소유물이 아닌 상태로 있다라는 …… 도시에서 살기 위해서는 이게 동네 사람들이 함께 뭔가를 해야 된다라는 그런 생각을 하게 됐어요.

—활동가 G

활동가들은 결코 지식을 수동적으로 받아들이지 않았다. 그들은 자신의 삶에서 문제를 발견했고, 필요한 지식을 찾기 위해 노력했다. 그들은 이렇게 획득한 지식을 현장에 적용하고, 필요하다면 수용된 지식에 의문을 제기했다. 이들은 더 깊은 이해의 차원으로 나아가기를 망설이지 않았다.

이제 우리는 미로의 출구에 거의 다다랐다. 그러나 오해의 소지를 없애기 위해 한 가지만 더 덧붙이고 싶다. 활동가들은 경험을 통해 현장에서 나름대로 앎을 구축했다. 여러분들이 허락한다면, 난 이 지식을 **현장지**라고 부르고 싶다. 현장지는 분명 중요하지만, 두 가지 측면에서 과장될 수 없다. ① 현장지는 독특하지만, 특별하지 않다. 다시 말해서, 현장지는 시간과 관심의 함수이다. 많은 시간을 투자할수록 그리고 많은 관심을 쏟을수록 현장지는 쉽게 불어난다. 요컨대, 현장지는 특별한 대상에게만 허락된 지식이 아닌 누구나 경험을 통해 획득할 수 있는 지식이다. ② 현장지는 전문 지식의 여백을 채운다는 점에서 기본적으로 보충적이다. 즉, 현장지는 **역성혁명과는 거리가 멀다**. 그러나 이미 여러 차례 보았듯 반드시 그렇지만은 않다. 때때로 현장지는 **국소적 혁명**을 일으킨다.

구불구불한 길을 따라 여기까지 따라온 인내심 깊은 독자들에게 감사 인사를 드린다. 길고양이와 함께한 내 모험은 여기에서 멈춘다. 다음 장은 길고양이가 아닌 사변, 추상, 관념에 관한 이야기다. 이미 심한 두통을 겪고 있다면, 여기에서 멈추기를 바란다. 그러나 내 이야기에 조금이라도 흥미를 느낀다면, 조금만 더 시간을 내줄 수는 없겠는가?

2021년 7월 26일 서울특별시 고양이마을(가명).
경계. 담을 넘으면 화재로 폐허가 된 공터가 있다. 인간에게는
폐허인 공간이 길고양이들에게는 가장 안전한 쉼터가 된다.
담 바깥은 온갖 행위자가 지나다니는 골목길이 뻗어 있다.

길냥이로 사회학 하기

1 2021년 7월 29일 서울특별시 고양이마을(가명).
2 2021년 8월 2일 서울특별시 고양이마을(가명).
3 2022년 9월 21일 수원시 권선구 권선동.
4 2023년 5월 5일 서울특별시 동대문구 장충동.

길냥이로 사회학 하기

1 2023년 5월 13일 수원시 팔달구 행궁동.
2 2023년 6월 15일 서울특별시 중구 인현동.
3 2023년 10월 25일 서울특별시 종로구 가회동.
4 2024년 11월 4일 수원시 팔달구 매향동.

2025년 1월 19일 부산광역시 서구 아미동.

     길냥이로 사회학 하기

출구
길고양이는 새로운 정치학을
이야기하는가?*

* 이 제목은 고양이 잡지 《매거진 탁!》 제4호 '연구와 고양이'에 실린 내 글에서 따왔다. 원래 제목은 〈길고양이는 새로운 사회학을 이야기하는가?〉였다. 그러나 난 이번 글에서 사회학을 넘어 정치학을 말하고 싶다.

먼 길을 돌아 드디어 출구에 도착했다. 힘든 여정에도 마지막까지 함께해준 독자분들에게 감사의 인사를 먼저 드린다. 마지막 관문은 우리를 조금 더 힘들게 할지도 모르지만, 이 지적 여정을 **함께** 잘 마무리할 수 있기를 바란다. 이 탐험을 시작할 때 말했던 것처럼, 이제는 사회학을 넘어 정치학으로 넘어가고자 한다. 마지막 장을 여는 나의 질문은 다음과 같다. 길고양이 이야기는 우리에게 어떤 교훈을 주는가? 우리는 그들을 통해 무엇을 배울 수 있을까? 그리고 우리는 어떻게 그들과 **공통 세계**를 만들 수 있을까(물론 우리는 이미 그들과 함께 살고 있다)? 말하자면, 우리는 어떻게 새로운 비/인간 의회를 만들 수 있을까? 길고양이가 연설하는 그런 새로운 의회를.

학술적 글쓰기는 대개 이론적 논의로 시작한다. 하지만 나는 가능한 한 이론적 논의를 피해 결론에 도달하고 싶었다. 반대로 우리의 고양이들을 통해 이론적 함의를 도출할 수는 없을까? 결론부터 말하자면, 이 글은 **행위자-연결망 이론**Actor-Network Theory, ANT으로 이어진다(앞으로 ANT라고 부를 것이다). 사실 ANT는 아주 단순한 분석 틀이라고 생각하지만, 그 단순함을 이해하기까지 거쳐야 할 수많은 관문이 있다. 어디서부터 어떻게 시작해야 할까? 지나친 캐리커처는 이해와 의미를 담지 못하고, 지나친 세밀화는 관심과 흥미를 잃게 할 것이다. **위험한 외줄타기**를 시작해보자.

과학은
불확실하다

이 책을 관통하는 명제에서부터 시작해보자. "TNR은 과학이지만 불확실하다. 왜냐하면 과학은 불확실하기 때문이다." 이 책을 읽는 독자라면, 특히 평소 과학을 신뢰했던 독자라면, 그게 무슨 헛소리냐고 화를 낼지도 모르겠다. 그 분노를 잘 보여주는 일화가 있다. 언젠가 친구에게 과학은 불확실하다고 말했을 때, 그는 그러면 엘리베이터는 어떻게 믿느냐며 걸어서 내려가라고 비꼬듯 말했던 적이 있다(18층에서 말이다).

그렇지만 과학은 정말로 불확실하다. 수많은 과학철학자가 그 확실성을 찾기 위해 시도했지만, 아직 그 누구도 성공하지 못했다. 물론 나는 철학자가 아니기 때문에 과학철학자들이 어떤 노력을 해왔는지 다 밝힐 자신도 없고, 있다고 한들 쉽고 간단하게 설명할 수도 없다. 그럼에도 과학이 불확실한 이유를 한 가지

지적해야 한다면, 그 핵심은 역시 '귀납의 문제'에 있다. 사전적 의미에서, 귀납은 "관찰된 개별적인 사례들을 전제로 하여 일반적이고 보편적인 명제를 이끌어내는 사고 과정"으로 정의된다.

어렵게 말하지 않아도 독자들은 귀납이 무엇인지 이미 다 알고 있다. 아주 거칠게 말해서, 귀납은 수많은 관찰을 통해 공통 요소(일반화)를 끌어내는 논리적 추론 과정이다. 대표적인 사례로 '검은 까마귀'가 있다. 첫 번째 관찰한 까마귀가 검다. 두 번째 관찰한 까마귀도 검다. 세 번째도, 네 번째도, …… n번째 관찰한 까마귀도 검다. 우리는 그렇다면 "모든 까마귀는 검다"라는 보편 명제를 도출할 수 있다. 그런데 여기에는 심각한 문제가 있다. 만약 n+1번째 관찰한 까마귀가 검지 않다면 어떨까? 그렇다. "모든 까마귀는 검다"라는 명제는 바로 거짓이 된다. 이렇듯 귀납 추론은 확실성을 보장하지 않는다. 반대되는 증거가 다음번 관찰에 얼마든지 등장할 수 있기 때문이다. 그리고 과학은 귀납 추론에 기반을 두고 있다고 여겨진다. 반면, 연역 추론은 귀납과 달리 확실성을 보장한다. 모든 인간은 죽는다. 소크라테스는 인간이다. 따라서 소크라테스는 반드시 죽는다. 여기에 예외는 존재할 수 없다. 즉, 삼단논법과 같은 연역 추론은 100% 확실성을 보장한다. 다른 예를 보라. "귀납 추론은 불확실성을 포함한다. 과학은 일종의 귀납 추론이다. 따라서 과학은 불확실성을 포함한다."

수없이 무너진 많은 과학이 한때 진실로 믿어졌다는 사실을 떠올려보자. 한때 사람들은 태양이 지구를 돈다고 믿었다. 어느 날 신께서 "뉴턴이 있으라 Let there be Newton!" 말씀하시매, 어둠에 숨겨졌던 자연법칙들이 드러났다. 아니, 사실은 그렇게 믿었을 뿐이었다. 어느 날 "악마가 말하길, '아인슈타인이 있으라!' 그러자 모든 것이 원래 상태로 되돌아갔으니."[*] 그토록 놀랍고 아름다운 뉴턴의 만유인력조차 어느 날 허구가 될 수 있는 세계. 그것이 우리가 살고 있는 세계이다. 세상을 바꾼 뉴턴의 과학마저 어느 날 허구가 될 수 있다면, 그동안 얼마나 많은 과학이 진실에서 거짓으로 변해버렸겠는가?

다른 문제도 있다. 과학자들은 때때로 보이지 않는 물질들을 연구한다. 예를 들어, 원자는 보이지 않는다. 단지 지나간 흔적을 보고 추론할 뿐이다. 그렇다면 우리는 어떻게 원자를 귀납 추론할 수 있을까? 관찰할 수 없는 대상을 말이다. 즉, 과학은 추상적 이론 없이 발전할 수 없다. 과학 연구는 때때로 보이지 않는 실체를 상상해야 한다. 마치 원자나 만유인력처럼 말이다. 그 상상력은 원자처럼 '사실'이 되기도 하고, 플로지스톤처럼 '허구'가 되기도 한다. 물론 그 '사실'은 언제든 다시 '허구'가 될 수도 있다. 역사상 가장 성공적이었던 뉴턴 물리학이 아인슈타인 물리학으로 대체된 것처럼 말이다.

---

[*] 시인 알렉산더 포프 Alexander Pope(1688~1744)는 뉴턴을 기리며 다음과 같은 시를 썼다. "자연과 그 법칙은 어둠 속에 있었다. 신께서 '뉴턴이 있으라' 말씀하시매 모든 것이 밝아졌다." 또 다른 시인 존 스콰이어 John Collings Squre(1884~1958)는 아인슈타인에 의해 뉴턴 물리학이 부정되는 것을 지켜보며 그 시를 다음과 같이 패러디했다. "그러나 '호!' 하고 소리치며 악마가 말하길, '아인슈타인이 있으라!' 그러자 모든 것이 원래 상태로 되돌아갔느니."

그래서 과학은 **본질적으로 불확실**하다. 물론 내 설명은 너무나 단순해서 이 문제를 해결하려고 수없이 노력해온 철학자들의 분투를 조금도 담아내지 못한다. 만약 이 문제에 관심 있는 독자라면, 과학철학자들의 논의를 더 찾아보기를 바란다.[1] 과학이 불확실한가의 문제는 때때로 진리의 문제와 연결된다. 어떤 사람들은 세상에 진리란 없고, 그래서 과학도 다른 학문과 크게 다르지 않다고 말한다. 그렇지만 이렇게 극단적인 주장은 잠시 내려놓자. 우리가 **과학의 불확실성을 믿지 않는다 하더라도**(즉, **과학이 언제나 참을 말한다고 믿더라도**), **우리는 여전히 과학이 불확실하다는 데 동의**할 수 있기 때문이다. 모순이 아니냐고? 아니다. 이야기를 조금만 더 들어보라.

그것은 너무나 당연한 특징, 즉 과학이 지금도 여전히 연구되고 있다는 사실과 관련된다. 생각해보라. 과학이 완전하고 확실하다면, 과학자들은 왜 지금도 과학을 연구할까? 모든 사실이 다 밝혀졌을 텐데 말이다. 만약 과학이 온전하고 따라서 모든 사실이 밝혀졌다면, 우리에게 필요한 것은 과학이 아니라 훈고학일 것이다. 그럼에도 과학자들이 여전히 과학을 연구하는 이유는 분명하다. 현재 과학으로는 설명할 수 없는 부분이 있고, 심지어 모순되는 부분도 있다. 그래서 많은 과학자는 과학을 발전시키기 위해 지금도 부단히 노력하고 있다. 따라서 그 반대도 있다. 어떤 과학은 너무나 확고한 사실(혹은 그 반대)로 믿어져서 더는 연구되지 않는다. 어떤 과학자가 피사의 사탑에서 공과 깃털을 떨어뜨리고 있겠는가?

과학기술학자 브뤼노 라투르Bruno Latour(1947~2022)는 이러한 특징에 주목해, 과학을 두 얼굴의 야누스로 표현한다.[2] 야누스는 로마 신화에 나오는 문의 신인데, 로마인들은 문에 앞뒤가 없다고 생각하여 야누스가 두 개의 얼굴을 갖고 있다고 여겼다. 라투르는 과학이 한쪽은 '**만들어진 과학**'이란 늙은 얼굴을, 다른 한쪽은 '**만들어지고 있는 과학**'이란 젊은 얼굴을 하고 있다고 말한다.* 요컨대, 이미 만들어진 과학은 우리가 아는 것처럼 과학이 얼마나 확실하고 우월한지 설파한다. "그대여, 과학은 진리다. 과학을 믿어라." 그러나 만들어지고 있는 과학은 우왕좌왕하고 불완전하고 불확실한 **인간적 활동**처럼 보인다. "모든 게 불확실하다. 우리에게는 문제가 생겼다!" 하지만 모든 과학은 만들어지고 있는 과학이(었)다. 따라서 라투르는 만들어지고 있는 과학이야말로 과학의 참모습이며, 우리는 바로 그것을 연구해야 한다고 말한다.

그렇지만 이 같은 주장은 두 가지 궁금증을 유발한다. 첫 번째, 과학은 어떻게 만들어질 수 있을까? 과학은 발견되는 것이 아니었나? 두 번째, 과학은 어느 순간에 만들어지는 걸까? 요컨대, 어느 순간에 불확실한 과학에서 확실한 과학으로 넘어가는 걸까?

흥미로운 상황을 한번 상상해보자. 이 같은 방식을 우리는 '사고 실험'이라고 부른다. 자, 여러분은 새로운 현상을 발견하

---

* 야누스는 실제로 젊은/늙은 얼굴로 표현되기도 한다.

려고 연구 중인 과학자이다. 이 현상은 오로지 이론으로만 예측되었을 뿐 아직 한 번도 발견되지 않았다(과학에 왜 상상력이 필요한지 다시 한번 알려준다). 이 현상을 발견하기 위해 여러분은 새로운 실험 기구를 만들었다. 문제는 다음과 같다. 우리는 어떻게 이 새로운 실험 기구가 제대로 작동하는지 알 수 있을까? 물론 예측된 현상을 발견했을 때이다. 그렇다면 그 현상을 정확히 발견했는지는 어떻게 알 수 있을까? 물론 새로운 실험 기구가 제대로 작동했을 때이다. 그렇다면 그 실험 기구가 제대로 작동하는지는 어떻게 알 수 있을까? …… (무한 순환.) 이해되는가? 새로운 현상을 탐구하는 과학자들은 논리적으로 무한 회귀에 빠지고 만다. 사회학자 해리 콜린스Harry Collins는 이 같은 고약한 현상을 **실험자의 회귀**experimenter's regress라고 불렀다. 말하자면, 만들어지고 있는 과학에서는 논리적 결정을 내릴 수 없는 지점에 반드시 도달하게 된다.

그렇지만 결정이 내려지는 순간 최전선의 과학은 이제 만들어진 과학이 되고 어느새 과학의 '확실성'을 말하기 시작한다. 따라서 문제는 두 번째 질문으로 곧장 연결된다. 과학은 어느 순간에 만들어지는가(또는 결정되는가)? 흔한 믿음과 달리 과학 연구는 혼란을 만들 뿐 정답을 알려주지 않는다. 누군가 또 화를 내는 소리가 들린다. 그렇지만 이야기를 조금만 더 들어보라. 과학 연구가 답을 알려주지 않는다는 사실은 다음과 같은 사실로 증명된다. 과학자들은 언제나 논쟁해왔고, 지금도 그렇게 하고 있다. 만약 연구를 통해 답을 **발견**할 수 있다면, 과학자들이 왜 논쟁하겠는가? 답이 눈앞에 있는데 말이다.

정답은 사실 **정답 없음**에 있다. 과학 연구는 정답을 보여주지 않는다. 끝없는 논쟁을 만들 뿐이다. 하지만 과학이 어느 순간 결정되고 만들어진다는 부정할 수 없는 사실이 우리 앞에 있다. 어떻게 된 걸까? 물론 그것은 과학자들이 치열한 논쟁 끝에 결국 답을 내리기 때문이다. 그리고 당연히 이 답은 **발견된 답**도 아니고 **정답**도 아니다. 단지, 과학자들이 그렇게 합의했을 뿐이며, 그렇게 믿을 뿐이다. 이를 잘 보여주는 쉬운 예시가 있다. 중고등학교 시험 시간을 떠올려보라. 시험 종료 종이 울리면, 학생들은 삼삼오오 모여 답을 맞춰보기 시작한다. 그러나 그 답은 아무 소용이 없다. 정답은 오직 시험을 출제한 선생님들만이 알고 있기 때문이다. 그런데 출제한 선생님도 없고, 따라서 정답지도 없고, 오지선다형이 아닌 무한선다라면(이 표현이 적절한지는 논외로 하자)? 과학자들은 출제자가 도망쳐버린 시험을 치는 학생들과 같다. 과학자들은 관찰하고 실험하고 논쟁하고 토론하고 마침내 결론을 내려야 한다. 물론 정답(자연)은 **오지 않는 고도처**럼 결코 공개되지 않는다.

핵심은 여기에 있다. **자연은 결코 오지 않는다.** 누군가는 정답이 밝혀지지 않은 이유는 아직 시간이 부족했기 때문이라고 말할 것이다. 그러나 역사는 사실 그 반대가 정답임을 알려준다. 시간은 오히려 정답을 오답으로 만든다. 초창기 화학자들은 한때 '플로지스톤'이라는 물질이 빠져나가면서 물질이 연소된다고 믿었다. 프리스틀리Joseph Priestley(1733~1804)는 1774년에 새로운 공기를 발견하고 이를 '플로지스톤 없는 공기'(지금의 산소)로 명명했다. 그러나 플로지스톤 이론은 왜 플로지스톤이 빠져나가는데도, 물질이 연소된 후에 무게가 오히려 증가하는지 설명할 수 없었다. 프랑스 화학자 라부아지에Antoine-Laurent de Lavoisier(1743~1794)는 연소가 사실은 빠져나가는 현상이 아니라 산소와 결합하는 현상, 즉 산화라고 주장하며 '플로지스톤 없는 공기'를 '산소'로 재명명했다. 교과서적 설명에 따르면, 마침내 산소를 발견한 라부아지에는 거짓된 플로지스톤 이론을 단칼에 베어낸 영웅이자 근대 화학의 아버지가 된다. 그러나 고등학교 공통과학을 기억하는 독자라면, 우리는 이 같은 설명이 불완전하다는 사실을 알고 있다. 왜냐하면 이제 산화는 '전자를 **잃는** 현상'을 의미하기 때문이다. 한때 플로지스톤을 **잃는** 현상이 연소였듯이 말이다. 이처럼, 한때 위대한 승리로 여겨졌던 과학은 언제나 거짓된 영광으로 다시 밝혀진다. 무엇보다 우리는 과학 논쟁이 진실 대 거짓의 경쟁이 아니라 사실은 **거짓 대 거짓의 경쟁**이라는 사실을 알 수 있다.

요컨대, 피할 수 없는 논쟁에 빠진 과학자들은 마침내 하나의 답을 택하고 스스로 결론짓는다. 스스로 결론짓는다고? 이 얼마나 이상한 표현인가? 우리는 그동안 과학은 단순히 자연법칙을 발견하는 지식이고, 따라서 자연이 과학을 만든다고 믿어 왔다. 그러나 아니다. 과학은 그렇게 단순히 발견되지 않는다. 오히려 과학은 과학자들의 합의로 결정되고 거꾸로 자연은 그 결정에 따라 재구성될 뿐이다(따라서 **자연은 원인이 아닌 결과**이다).

요컨대, 과학은 발견되지 않는다. 과학은 과학자들의 논쟁과 합의를 통해 만들어진다. 또는 **구성된다.** 이로써 우리는 첫 번째 질문, 즉 과학이 왜 발견되지 않고 만들어지는지 알 수 있다. 이런 입장을 **과학 지식의 사회적 구성주의**라고 부른다. 자, 이야기를 조금 정리하고 넘어가자. 과학은 불확실하다. 과학자들은 새로운 사실을 밝혀내기 위해 서로 치열한 논쟁을 벌인다. 마침내 합의가 이뤄지면 사실이 **결정되고** 과학이 만들어진다(구성된다).

과학의 불확실성과 논쟁적 성격은 TNR이 왜 그토록 불확실한지 그리고 과학자들이 왜 그토록 논쟁하는지 설명한다. 최신 과학은 늘 불확실하다. 따라서 TNR도 불확실하다. 자연은 논쟁을 결정하지 않는다. 따라서 과학자들이 아무리 연구한들 자연은 TNR이 옳은지 그른지 알려주지 않는다. 과학자들은 논쟁을 결정한다. 그리고 결정이 이뤄질 때까지 과학자들은 치열한 논쟁을 계속한다. 그것이 과학의 본성이고 TNR의 본성이다. TNR은 아직 **만들어지지 않은 과학**이다. TNR을 둘러싼 과학자들의 논쟁을 상기해보자. 그들은 항상 과학의 이름으로 상대방을 비난한다(하지만 상대방도 늘 과학의 이름으로 말한다). 왜냐하면 어느 쪽도 과학이란 이름을 차지하지 못했기 때문이다. 그러므로 우리는 아직 어느 한쪽도 비과학으로 모욕해서는 안 된다. 적어도 결론이 날 때까지는 말이다. 아니, 결론이 났을 때조차 우리는 어느 한쪽도 **단지** 비과학적이라고 모욕할 수 없다. 과학은 언제나 불확실하고 과학자들은 그 불확실성 속에서 가장 신뢰할 수 있는 선택을 내렸을 뿐이다. 그들은 언제나 과학자였으며,

과학적으로 연구했다(여기에는 물론 그들이 연구 부정 행위를 저지르지 않았다는 전제가 포함되어 있다).

당신이 연구자가 아니라면, 답답하더라도 조금 더 참고 기다려야 한다. 그렇지만 또 다른 문제를 던지고 싶다. 우리는 과학자에게 모든 것을 맡겨놔야 할까? 조금 더 개입할 수 없을까? 그리고 고양이들은?

2. 고양이는 행위하는 주체이다

여러분이 믿는 과학의 모습이 무엇이든, 최신 과학이 불확실하다는 데는 동의할 수 있을 것이다. 그렇지 않다면, 수많은 돈을 들여 과학을 연구할 필요가 어디 있겠는가? 이미 답을 알고 있는데 말이다. 그렇지만 무엇이 옳은지가 **연구가 아닌 합의**로 결정된다는 주장은 많은 사람의 분노를 일으킬지도 모르겠다. 과학자들이 합의로 과학을 결정할 수 있다면, 마찬가지로 과학 연구는 왜 한단 말인가!

다수의 과학기술학자도 이 같은 **사회적 구성**에 불만을 품기 시작했다. (나와 마찬가지로) 그들은 구성에 동의하면서도 사회적 구성에는 반대하기 시작했다. 하지만 사회적 구성이 아니라면 어떤 구성이란 말인가? 그들은, 아니 나를 포함한 우리는 자연이 과학을 결정하지 않는다는 데 동의한다. 그렇지만 과학자들

마음대로 과학을 결정할 수는 없다고 생각한다. 당연하지 않은가? 과학자들이 어느 날 갑자기 중력이 없다고 주장한다면, 당신은 공중에 몸을 맡길 수 있겠는가?

ANT는 여기에서 개입한다. 생각해보라. 어떤 과학자가 아무리 자기 이론을 주장한들 설득력 있는 실험 결과를 내놓지 못한다면, 그 누구도 설득되지 않을 것이다. 하지만 그 반대를 생각해보라. 정말 멋진 실험 결과가 여기 있다면, 많은 과학자가 그 실험에 매력을 느끼지 않을까? 물론 누군가는 여전히 그 결과에 딴지를 걸 수 있고, 따라서 실험 결과만으로는 어떤 합의도 이뤄낼 수 없을지 모른다. 하지만 멋진 결과는 한쪽 주장을 더욱 매력적으로 만든다. 더 정확히 말하면, 더 많은 사람이 그 이론을 믿도록 (바로 그 결과가) 설득한다. 요컨대, ANT는 모든 과학적 문제(논쟁)를 **설득의 문제**로 전환한다.

여기에 중요한 전환이 있다. 얼핏 보기에, ANT는 다시 오래된 믿음으로 돌아가는 듯하다. 즉, 과학자들은 열심히 연구하면 과학적 사실을 발견할 수 있다는 그 믿음 말이다. 따라서 자연이라는 **기계장치의 신**이 다시 등장하는 듯 보인다. "아, 고도여. 그대는 마침내 오는가?" 그러나 그렇지 않다. 그 주장은 오직 절반만 옳다. ANT는 여전히 자연을 발견할 수 없다는 데 동의하기 때문이다. 따라서 과학자들은 여전히 관찰하고 실험하고 논쟁해야 한다. 하지만 ANT는 인간이 아닌 존재들, 즉 사물에 힘을 부여한다. 과학자들이 실험하는 대상들, 즉 물질과 사물들 또한 과학자들을 설득한다. 다시 생각해보라. 멋진 실험 결과는 과학자들을 설득한다. 그러나 그 자체로 논쟁을 결정지을 수는 없다. 과학자들은 논쟁에서 승리하기 위해 멋진 실험 결과들을 최대한 많이 모아야 하고, 그 물질과 사물들은 과학자들의 편에 서서 "우리가 옳다! 우리를 따르라!"라고 말한다.

한편으로, 과학자들은 멋진 실험 결과를 도출하기 위해 그 대상들과 협상해야 하는 것처럼 보인다. 과학자들은 대상을 원하는 대로 조작할 수 있을 때 그럴듯한 결과를 얻을 수 있다. 그러나 실험 대상들은 당연히 과학자가 원하는 대로 움직여주지 않는다. 과학자들은 수많은 연구 과정을 통해 어떤 유인책을 제공할 때, 그 대상들이 원하는 대로 움직이는지 알게 된다(따라서 우리는 그동안 자연을 '발견'한다고 말해왔다). 과학 연구는 마치 연구 대상과의 협상 과정처럼 보인다. (과연 과학자가 대상을 움직이는가, 아니면 그 대상들이 과학자가 그렇게 행동하도록 만드는가?)

계속해서 강조하면, 과학은 불확실하다. 불확실하기 때문에 과학(논쟁)은 설득의 문제로 전환된다. 그리고 설득은 인간과 인간 간의 설득뿐 아니라 인간과 비인간 간의 설득으로 전환된다. 그동안 많은 사회학자는 설득의 주체와 대상이 과학자, 즉 인간이라고 생각해왔다. 그러나 ANT는 그렇지 않다고 말한다. **인간이 아닌 존재**들도 인간(과 다른 비인간)을 설득하고, 인간도 다른 비인간(과 인간)을 설득해야 한다. 설득이 종결될 때, 과학은 비로소 만들어진 과학이 될 수 있다.

과학기술학 담론이 생소한 독자들에게 이 문제는 어려울 수 있지만, 우리에게 중요한 쟁점은 더 이상 과학적 불확실성이 아니다. 과학은 언제나 불확실하고, 따라서 TNR도 불확실하다. 하지만 더 중요한 것이 있다. ANT에 따르면, **비인간도 인간처럼 행위할 수 있는 듯** 보이기 때문이다. 행위할 수 있는 능력을 간단하게 **행위성**으로 정의하자. 우리는 그동안 비인간, 즉 물질은 행위성이 없다고 믿었다. 과학자들은 물질을 마음대로 조작하고, 원하는 대로 바꿀 수 있다고 믿었다. 그러나 물질은 과학자들이 바라는 대로 결단코 움직이지 않는다. 과학자들은 원하는 결과를 만들기 위해 수많은 방법을 시험하고 그것을 통해 결과를 얻어야 한다(심지어 영원히 못 얻을 수도 있다). 어떤 면에서는 과학자가 물질을 조작하는 것이 아니라 물질이 과학자를 원하는 대로 움직이게 하는 듯싶다. **마치 사람이 고양이의 주인이 아니라 집사인 것처럼.**

고양이와 함께 살기 위해 우리가 얼마나 많은 협상 과정을 거쳐야 했는지 다시 떠올려보자. 집이라는 단절된 공간 안에 미메시스된 자연을 만들기 위해 얼마나 많은 인공물을 들여와야 했는지 말이다. 공간은 더 이상 당신의 것이 아니다. 당신의 옷은 털이 묻지 않게 항상 옷장에 들어가야 하고, 책상 위는 언제나 깨끗하게 비어 있어야 한다. 더욱이 당신이 게으른 집사라면, 집은 점점 사막으로 변해갈 것이다. 무엇보다 당신은 이제 잠을 줄여야 한다. 그렇다. 어느 날 고양이를 데려온다고 해서 당신은 고양이와 함께 살 수 없다. 함께 살기 위해 고양이와 협상하고 고양이에게 양보하고 순응해야 한다. 실험 과학자처럼 말이다. **어쩌면 당신도 어떤 종류의 실험가가 아닐까?**

    길냥이로 사회학 하기

협상은 곧 설득을 의미한다. 발정기가 찾아온 집고양이가 마구 울기 시작할 때, 당신은 중성화 수술을 예약하도록 설득당한다. 이처럼 인간이 아닌 존재들은 사람을 설득할 수 있다. 갓 구운 빵 냄새가 어떻게 당신을 설득하는지 생각해보라. 심지어 동물이 아닌 사물까지도 당신을 설득할 수 있다. 그런데 이런 일은 과학 실험실에서도 일어난다. 물질은 활기차게 행위하고 과학자들은 때때로 그들에게 설득당한다. 당장 창문 밖으로 물건을 던져보라. 물건은 위로 솟구치지 않고 반드시 아래로 떨어질 것이다. 어떻게 우리가 그 '사실'을 부정할 수 있겠는가? 움직이는 엘리베이터를 보면서, 어떻게 그 기술을 부정할 수 있겠는가? 하지만 그 원리와 과학 이론은 언제든지 바뀔 수 있다. 그것들은 자연, 섭리, 진리, 진실, 사실을 알려주지 않는다. 단지 그것을 믿도록 우리를 설득할 뿐이다. 그 결과, 비인간 존재는 행위성을 가진 존재, 즉 **비인간 행위자**가 된다.

이 책을 다시 살펴보라. 이 책은 TNR의 과학적 불확실성으로부터 비인간의 행위성으로 나아간다. 이 마지막 장도 마찬가지다. 과학적 불확실성은 마침내 비인간 행위자의 등장으로 이어진다. 독자들은 이제야 내가 왜 그토록 과학적 불확실성을 이야기했는지 이해하게 되었을 것이다. 그래서 나는 고양이도, 벽도, 쥐도, 포획틀도, 고양이 장난감도, 배변 모래도, 책에 등장하는 모든 사물을 하나의 행위자처럼 다뤄왔다(요컨대, 단순한 수사학이 아니었다). 그들은 실제로 행위성을 발휘하고, 현실을 변화시키기 때문이다. 벽을 생각해보라. 벽은 고양이와 인간의 만남을 실제로 변화시킨다. 벽은 또한 TNR을 안정화할 수 있는 중심 행위자다. 무엇보다 포획틀 없이 인간이 어떻게 고양이를 압도할 수 있겠는가? 그들은 실제로 현실을 변화시킬 수 있게 하는 힘이며, 우리는 **사물 없이 어떤 행위도 할 수 없다.** 이해가 가지 않는다면, 글을 써보라. 어떤 도구(사물)도 없이.

또 다른 중요한 전환이 있다. 과학이 설득의 문제라는 의미는 과학이 곧 **숫자의 문제**라는 뜻이 된다. 요컨대, 더 많은 지지자(동맹)를 얻을수록 그 이론은 점점 더 사실로 인정받게 된다. 다시 한번 생각해보라. 우리가 **인간이 아닌 존재들**(비인간)을 행위자로 인정하는 순간 어떤 효과가 발생하는가? 과학은 여전히 다른 행위자를 설득하는 문제이지만, 인간뿐만 아니라 비인간 행위자도 설득하는 문제로 변한다. 과학자가 아무리 실험한다 한들 실험 결과가 원하는 대로 나오지 않는다면 어떻게 그 과학자가 성공할 수 있겠는가? 사회적 구성주의가 말하는 대로 그 결과들은 참/거짓을 알려주지 않는다. 그러나 그 결과들은 이제 과학자와 한편이 되어 본인들이 참이라고 **말할 것**이다. "불신자여, 우리를 보라. 이래도 우리를 믿지 않는가?"

놀랍지 않게도, 우리는 이미 이러한 사실들을 목격했다. 포획한 고양이를 블랙박스(수의사)에 넣어야 하는 활동가들을 떠올려보라. 수의사에 대한 그들의 신뢰가 어떻게 구성되었는지 생각해보라. 만약 수의사가 몇 번이고 중성화 수술에 실패했다면, 어떻게 그 신뢰가 만들어졌을까? 만약 병원에 아무런 장비도 없다면, 어떻게 활동가들이 그 수의사를 신뢰했겠는가? 인공

 길냥이로 사회학 하기

물들은 부지불식간에 우리를 설득한다. "우리를 보라. 모든 일은 잘 끝날 것이다. 당신은 걱정이 너무 많다. 가슴에 손을 얹고 말해봐라: 알 이즈 웰, 알 이즈 웰."

그러나 우리는 다른 한편도 봐야 한다. 한때 과학적 설득은 참/거짓의 문제였다. 요컨대, 어느 순간 자연이라는 **기계장치의 신**이 나타나 진실을 선고한다고 믿어졌다. 그러나 구성주의는 자연이 기다려도 오지 않는 고도라는 사실을 밝혀냈다. 고도는 오지 않는다. 그럼에도 과학자들은 아마도 자신이 고도를 봤다고, 그가 오고 있다고 외칠 것이다. 오직 한 과학자만이 그렇게 외친다면, 당신은 과연 그를 믿을 수 있을까? 하지만 하나가 둘이 되고, 셋이 되고, 넷이 된다면? 그리고 계속 늘어난다면? 결국 우리는 숫자에 굴복하게 될 것이다. 따라서 ANT는 말한다. "더 많은 행위자를 모아서 결집하라. 더 큰 연결망을 만들수록 우리는 더욱 사실이 될 것이다." 요컨대, 무엇이 사실인지는 아직 정해져 있지 않다. 우리가 더 많은 행위자를 모을수록 더욱 참이 된다. 반대로 연결망에서 행위자들이 떨어져 나가기 시작한다면, 사실도 점점 거짓이 될 것이다. 따라서 사실이란 **존재의 계단**이다. 떨어질 텐가, 아니면 올라갈 텐가? 그러나 잊어서는 안 된다. 행위자는 언제나 인간 너머에도 있다는 사실을.

이 사실은 우리의 사례를 통해서도 확인할 수 있다. 서울시의 TNR 확대에 대한 활동가들의 입장문을 떠올려보라. 참정권을 획득하기 위해 활동가들이 했던 일들을 떠올려보라. 활동가들이 상대방의 연결망을 해체하기 위한 연횡책과 자기 연결망을 확장하기 위한 합종책을 생각해보라. 활동가들은 추축국들을 이간질하고, 그 동맹을 와해한다(즉, 배후의 물질적 배열과 그 관계를 해체한다). 활동가들은 말한다. "동물구조관리협회가 TNR을 할 수 있다고? 아니다. 그들은 너무 멀리 있다. 더욱이 그들의 영토는 너무 좁다. 그들에게 맡긴다면, 고양이들은 전염병에 걸려 목숨을 잃을 것이다. 하지만 수의사들은 우리의 편이다. 당국이여, 이제 그들과 결별하고 우리와 동맹을 맺자." 이런 전략은 적중했고, 활동가들은 중요한 주체로 거듭난다. 그들의 주장은 더욱더 사실이 되고, 그들의 적은 더욱더 그릇되어 보이기 시작한다. 활동가들이 병법서를 쓴다면 이렇게 말할 것이다. "더욱더 많은 동맹을 맺어 적군을 고립시켜라!"

가장 중요한 결론으로 나아가기 전에 잠시 숨을 돌리자. 우리는 과학의 불확실성으로부터 출발했다. 자연은 논쟁을 종결할 수 없다. 따라서 우리는 TNR의 불신자가 왜 그토록 많은지 쉽게 알 수 있다. 그것은 TNR이 비과학적이어서가 아니라 과학은 원래 불확실하기 때문이다(물론 TNR이 비과학일 가능성도 여전히 있다). 경쟁 중인 두 세력은 승리하기 위해 더 많은 행위자를 모아 더 큰 세력을 일궈야 한다. 상대방을 압도할 수 있게 되는 순간 논쟁은 끝나고 **사실은 구성될 것**이다.

다시 한번 우리가 지나온 길을 되살펴보자. 과학적 확실성의 문제로 시작한 우리는 마침내 인간이 아닌 존재들을 행위자로 인정해야 한다는 다소 엉뚱한 결론에 도달했다. 현명한 독자들이라면, 내가 길고양이 문제를 다룬다고 말하면서 왜 그토록

  길냥이로 사회학 하기

과학의 문제를 마구잡이로 뒤섞었는지 이해할 수 있을 것이다. 마침내 우리는 이 복잡한 미로의 마지막 관문에 도달했다. 비인간을 행위자로 인정한다면, 따라서 길고양이를 인간과 같은 행위자로 인정한다면, 우리는 어떤 미래로 나아가게 되는가?

당신이 휴머니스트(인간주의자)라면, 길고양이는 단지 조작되는 대상에 불과하다. 당신이 아무리 동물의 생명을 존중한다 한들 길고양이는 여전히 대상에 불과할 뿐이다. 따라서 길고양이는 해결되어야 할 문제이지 협상의 대상이 아니다. 그러나 길고양이가 진정으로 행위할 힘이 있는 행위자라면, 우리는 단순히 그들을 조작할 수 없다. 오히려 우리는 그들을 협상의 대상으로 인정해야 한다. 그들이 무엇을 원하는지, 그들이 무엇을 포기할 수 있는지, 그리고 우리는 그 대가로 무엇을 줄 수 있는지 그들과 협상해야 한다. 더 나아가 만약 그들이 우리와 협상할 수 있는 주체라면, 우리는 그들이 **정치적 주체**가 될 수 있다는 사실을 인정해야 한다. 따라서 우리는 길고양이들(뿐만 아니라 수많은 비인간)과 특별한 정치 공동체를 형성할 수 있다. 브뤼노 라투르는 이러한 공동체를 **사물의 의회**[3]라고 불렀다. 우리는 과연 사물의 의회를 구성할 수 있을까?

3. 새로운 정치사회학을 위하여

우리는 새로운 정치사회로 나아갈 수 있을까? 인간에 의한 인간을 위한 인간의 정치가 아니라 비/인간에 의한 비/인간을 위한 비/인간의 정치로 말이다. 수많은 장애물이 벌써 눈앞에 보이는 듯하다. 그러나 우리는 이미 사물로 이뤄져 있다. 우리는 이미 수많은 사물과 살아가며, 심지어 그들 없이 우리는 생존할 수조차 없다. 스티븐 제이 굴드Stephen Jay Gould(1941~2002)가 말했듯이, 우리는 아주 "작은 오른쪽 꼬리"에 불과하다.[4] 너무나 자주 그 사실을 잊고 살아가지만 말이다. 우리는 어떻게 생명 정치를, 따라서 길고양이 정치를 만들어낼 수 있을까?

물론 이 짧은 장을 통해 새로운 비인간 민주주의를 만드는 쟁점들을 전부 이야기할 수는 없다. 단지 우리의 사례를 통해 몇 가지 함의를 도출해보자. 먼저, 길고양이는 어떻게 우리 의회의 대표가 될 수 있을까? 새로운 혹성탈출이 시작되지 않는 한 어떻게 고양이가 의회 연설을 준비할 수 있겠는가? 따라서 그들에게는 대표자가 필요하다. (길)고양이의 이익을 대표할 누군가가 말이다. 현명한 독자라면, 이 같은 간접민주주의가 결코 낯설지 않다는 사실을 눈치챘을 것이다. 왜냐하면 우리 대부분은 오직 선거를 통해서만 정치에 참여할 수 있기 때문이다. 물론 정치적 참여는 공적 영역에만 국한되지 않는다. 때때로 우리는 비공식적 방법들을 통해 우리 의견을 정치권에 전달하기도 한다.

길고양이 문제에 대해서도 우리는 똑같이 이야기할 수 있다. 그들의 의견은 다른 누군가를 통해 대표될 수 있고, 비공식적인 방법으로 그들의 의사를 전달할 것이다. **대표**는 분명히 불완전한 방식이지만, 인간 정치도 마찬가지 아닌가? 인간 대표자는 너무나 자주 그들의 지지자를 배반하지 않는가? 그렇지만 어떻게 길고양이를 대표할 수 있을까? 그리고 누가 그들을 대표해야 할까?

이미 눈치챘겠지만, 나는 물론 활동가들로부터 그 답을 찾는다. 활동가들은 현장에서 직접 고양이들의 목소리를 듣고 그들을 위해 일한다. 길고양이를 대표할 단 한 자리가 있다면, 그 자리는 당연히 활동가들에게 돌아가야 한다고 생각한다. 단, 묘호구역 활동가들이 썼던 어법을 활용하여, 캣맘·캣대디와 활동가는 섬세하게 구분되어야 할 것이다. 요컨대, 인간과 길고양이의 공존문화를 주도적으로 구성할 임무를 활동가들에게 부여하고 싶다. 물론 **공존문화**란 단어는 다시 한번 조심스럽게 정의되어야 할 테지만 말이다.

그 용어에 흥미를 느끼면서도, 나 역시 그것을 어떻게 정의해야 할지는 잘 모르겠다. 하지만 그것이 단지 개념이나 수사가 아니라 구체적인 실천을 통해서, 더 정확히는 실험을 통해서 구체화되어야 한다는 사실은 분명하다. 실제로 나는 몇 가지 실천에 주목한다. 예를 들어, 재개발·재건축 현장에서 집을 잃은 길고양이들에게 새로운 삶의 터전을 제공하기 위한 프로젝트들이 있다.* 길고양이를 위한 생추어리 만들기도 흥미로운 실천이 분명하다.** 알다시피, 자본주의 사회의 구성원으로 인정받기 위해서는 노동자가 되어야 한다. **길고양이를 위한 건전한 노동**을 우리가 마련할 수 있을까? 물론 더 작은 일상적 실천들도 있다. 예를 들어, 부산 청사포에서 만났던 어르신들은 길고양이들과 함께 살아가며 그들만의 생활세계를 만들어나가고 있었다. 고양이마을의 몇몇 상인들도 마찬가지였다. 우리는 그들의 **현장지**를 더 적극적으로 발굴할 수 있을까?

마지막 질문을 더 확장해보자. TNR(더 정확히 중성화)은 중요하지만, 우리는 TNR에**만** 기대서는 안 된다. **단 하나의 만병통**

---

* 대표적으로는 '둔촌냥이' 프로젝트가 있다. 다큐멘터리 〈고양이들의 아파트〉(2022)와 둔촌냥이 인스타그램을 참고하라. 그 외에도 온천냥이, 이문냥이, 광천냥이 등 다양한 길고양이 이주 프로젝트가 진행되고 있다. 또한 개인 활동가들의 자발적 활동에도 주목해야 할 것이다. 이와 관련해《매거진 탁!》제1호 〈집과 고양이〉를 참고하라.
** 생추어리Sanctuary는 야생으로 돌아갈 수 없는 동물들을 위한 보호시설을 말한다. 국내에는 사육곰을 위한 '곰 보금자리 프로젝트', 축산 돼지 새벽이를 공개 구조하면서 시작된 '새벽이생추어리' 등이 있다. 길고양이를 위한 생추어리도 상상할 수 있을까?

   길냥이로 사회학 하기

치약이 모든 질병을 낫게 할 수 있다는 헛된 신념을 버려야 한다.

레이첼 카슨Rachel Carson(1907~1964)이 고전적 논의에서 이야기했듯이, 한때 만병통치약으로 여겨졌던 DDT는 모든 생명체를 중독시켰다. 그리고 카슨의 정당한 비판자들을 더 공정하게 다룬다면, 단 하나의 해결책에 매달린 생물학적 방제 또한 심각한 오류를 일으키지 않았던가?[***] 어쩌면 우리가 주의해야 했던 것은, 화학물질 그 자체가 아니라 화학물질이라는 **단 하나의 해결책**이 모든 문제를 단칼에 베어낼 수 있다는 허황된 믿음 아니었을까? 동일한 질병이 다른 방식으로 발현될 수 있고 동일한 병의 치료법이 사람에 따라 달라질 수 있듯이, 길고양이 문제는 장소에 따라 그리고 그 장소를 구성하는 다양한 요소에 따라 다르게 나타날 수 있다. 그리고 그 안에는 다양한 현장지가 존재한다. 바로 그 현장지를 수집하고 확장하고 전달하고 실천하고 수정하는 것. 그것이 바로 활동가가 해야 할 중요한 임무 아닐까? 말하자면, 우리에게는 거대한 아카이브와 다양한 도구상자가 필요하다. 나사의 종류와 크기에 따라 적당한 드라이버를 사용할 수 있도록, 현장의 특수한 지식들을 수집하고 적용하고 수정할

[***] 대표적으로 딱정벌레를 퇴치하기 위해 도입됐지만, 결국 심각한 생태교란종이 되어버린 수수두꺼비가 있다. 어떤 과학자는 DNA 조각 몇 개를 바꾸는 유전자 조작보다 하나의 생명체(즉, 수만 개의 유전자)를 통째로 집어넣는 외래종 도입이 더 위험하다고 여기기도 한다. 다음을 참고하라. Elizabeth Kolbert, *Under a White Sky: The Nature of the Future*, Crown Publishing Group(한국어판:《화이트 스카이: 인류는 더 이상 푸른 하늘을 볼 수 없을지도 모른다》, 김보영 옮김, 쌤앤파커스, 2021); 그리고 우리의 사랑스러운 고양이도 이 같은 오명을 피하기는 어려워 보인다(〈누군가 버린 고양이가 부른 멸종 비극…'새들의 천국'이 위험하다〉,《한겨레》, 2024.5.16.).

수 있어야 한다. 우리에게 필요한 것은 **TNR이 아니라 현장의 지식들과 실천들**이다. 그리고 **추상화된 만병통치약이 아닌 현실적인 실천들**이다(단수와 복수의 대조에 주목하라).

따라서 수많은 소규모 활동가 단체로부터 소수의 대규모 활동가 단체에 이르기까지 촘촘하게 짜인 네트워크가 필요하다. 단체들의 다양성을 유지하면서도 '지식'(현장지)이라는 중요한 가치를 중심으로 구성된 네트워크 말이다. 그것은 또한 **길고양이 참정권**을 확보하기 위한 공론장을 형성할 수도 있다. 우리는 **길고양이 공론장**을 만들 수 있을까?

그런데 여기에는 중요한 과제가 있다. 길고양이 공론장에는 누가 참여해야 할까? 활동가들만으로 충분한 걸까? 생명은 소중하지만, 언제나 그리고 반드시 문제를 일으킨다. 길고양이의 생명은 분명히 소중하지만, 그들은 문제를 일으킨다(인간과 마찬가지로). 따라서 우리는 더 많은 참정권을 인정해야 한다. 대표적으로 길고양이의 포식 행위의 희생자가 되는 수많은 '새'의 참정권도 인정되어야 할 것이다.[5] 어떻게 그들을 무시할 수 있겠는가? 놀랍지 않게도, 우리는 한 생명을 존중하는 순간 다른 생명들을 평가절하하게 된다. 길고양이를 우리 정치 공동체의 당당한 일원으로 인정하는 순간 우리는 곧바로 다른 생명의 희생을 정당화하게 된다. 우리는 **생명의 이름으로 다른 생명을 존중할 수 없다.** 생명은 반드시 다른 생명을 해하기 때문(다른 말로 의존하기 때문)이다. 내가 새로운 정치학을 생명 정치가 아닌 비/인간 정치로 명명한 이유가 바로 여기에 있다. 당신이 고양이를 사랑한다

길냥이로 사회학 하기

면, 그들의 한 끼 식사가 될 다른 생명체의 희생도 인정해야 한다. 길고양이**만**을 존중한다는 것은 곧 "너희는 고양이를 위해 죽어도 되는 존재가 되어야 한다"고 말하는 것이기도 하다.

내 생각에, 이 모순이 인간-동물 관계의 모든 측면을 지배한다. 우리는 생명을 위해 개입하지만, 동시에 개입은 다른 생명의 죽음을 필연적으로 정당화한다. 생명과 죽음은 완전히 상충하지만, 우리는 하나를 선택하면 다른 하나도 반드시 선택해야 하는 모순에 처해 있다. 새로운 비/인간 민주주의는 반드시 이 모순을 토대로 구성되어야 한다. 요컨대, 우리는 한 생명에 대한 존중이 반드시 다른 생명을 해치게 된다는 사실을 받아들여야 한다. 따라서 길고양이 공론장의 참정권은 더 많은 생명으로 확대되어야 한다.

그러나 이 같은 결론은 곧바로 거대한 벽에 직면한다. 서로 다른 생명이 목숨을 걸고 충돌하는 상황에서 우리는 합의를 이룰 수 있을 것인가? 오히려 끝없는 전쟁에 돌입하게 되는 것은 아닌가? 물론 우리는 완벽한 결론에 도달할 수 없을 것이다. 그렇지만 아무리 비관적으로 보일지라도 그것은 절망적이지 않다. 왜냐하면 이 상황은 모든 최전선의 과학이 처한 상황과 동일하기 때문이다. 과학이 언제나 **논리적으로 벗어날 수 없는 교착 상태**에 빠지게 된다는 점에 주목하라. 그럼에도 과학은 언제나 한 걸음씩 자리를 옮겨왔다. 물론 지금까지 밝혀진 과학은 결코 진리는 아닐 것이며, 한 걸음 발을 뗄 때마다 또 다른 교착 상태가 그 발목을 잡을 것이다. 우리 또한 마찬가지이다. 비/인간 민주주의는 나아갈 때마다 또 다른 교착 상태에 처할 것이지만, 언제나 그 상태에 머무르지는 않을 것이다. 그렇다면 어떻게 나아가야 하는 걸까? 그리고 어떻게 나아갈 수 있을까?

말한 것처럼, 나는 구체적인 실천에 초점을 맞춘다. 아니, 더 나아가 실험이라고 말하고 싶다. 우리는 수많은 현장지를 수집하고 검토하고 실험하고 수정해야 한다. 함께 살 수 있는, 더 정확히는 함께하는 정치 공동체를 만들기 위해서 말이다. 실험이란 말은 자연스럽게 과학을 떠올리게 한다. 그렇다. 나는 다시 한번 과학을 말하고 싶다. 물론 여기에서 과학은 그동안 우리가 너무나 쉽게 믿어왔던 **진리로서의 과학**이 아니다. 오히려 불확실하고 늘 교착 상태에 빠지게 되는 **실천으로서의 과학**이다.

우리는 앞으로도 영원한 단 하나의 진리에 도달하지 못할 것이다. 그것이 무엇인지도 모르고 어떻게 다가가야 할지도 모르지만, 그럼에도 우리는 그렇게 믿어지는 것을 만들어가야 한다. 새로운 비/인간 민주주의에서 우리는 늘 교착 상태에 빠져 있겠지만, 함께 대화하기 위한 공용어를 만들어야 한다. 나는 그 **공용어로서 과학**을 제안한다. 추상적 윤리가 아니라 더 나은 삶을 구성하기 위해 적극적으로 실천하는 과학 말이다. 물론 과학은 불확실하며, 결론은 언제나 열려 있어야 한다. 그러나 우리는 과학을 통해 말하고, 과학을 통해 실천함으로써 새로운 비/인간 민주주의를 형성할 수 있다.

요점을 정리하자. 나(감히 우리)는 비인간 행위자를, 따라서 길고양이를 정치 행위자로서 인정하고 새로운 비/인간 민주주의를 구성하고 싶다. 그러나 그 공론장은 언제나 다른 생명들에 열려 있어야 한다. 생명을 걸고 충돌하는 그 논쟁과 협치의 장에서 우리는 교착 상태에서 벗어나기 위해 늘 **과학이란 언어**로 이야기해야 한다. 과학은 여전히 불확실하지만, 그럼에도 우리는 구체적인 실천(실험)을 통해서 한 발짝씩 전진(때로는 후진)할 수 있다. 그러나 이 같은 결론은 과학자들이 결정권자가 되어야 한다는 말은 아니다. 과학자와 그들의 담론은 중요하지만, 현장의 구체적인 실천과 지식은 더욱 중요하다. 그 현장에서 활동가들은 길고양이 세계의 일반의지를 모을 뿐 아니라 길고양이 세계의 지식을 수집하고 구성하고 수정해야 한다. 모든 생명이 활발하게(혹은 치열하게) 대화하는 새로운 정치체로 우리는 나아갈 수 있을까?

정확한 출처를 확인하기는 어렵지만, 내가 좋아하는 밴드 슬립낫Slipknot의 베이시스트였던 폴 그레이Paul Gray는 다음과 같은 말을 남겼다고 한다. "고양이는 모든 것things이 인간을 섬기도록 창조되었다는 교리를 깨뜨리러 이 세상에 왔다." 이 책의 독자들이 단 하나의 경구를 기억해야 한다면, 고양이들이 우리 삶의 **정치적 동반자**라는 사실을 기억해주기를 바란다. "고양이는 모든 정치가 인간에 의한 인간의 정치라는 교리를 깨뜨리러 이 세상에 왔다."

두 개의 문

마지막 문을 연다. 드디어 우리는 복잡한 미로를 뚫고 밖으로 나갈 수 있게 되었다. 그러나 밝은 햇빛이 아닌 화려한 조명이 우리를 감싼다. 우리 앞에는 또다시 두 개의 문이 나타난다. **파란 문**은 우리를 다시 질서의 세계로 돌려보낸다. 과학은 확실하고, 자연은 원인이며, 비인간은 대상에 불과하다. **빨간 문**은 우리를 혼란의 세계로 전송한다. 과학은 불확실하고, 자연은 결과에 불과하며, 행위성을 부여받은 모든 비인간은 활기차게 날뛴다. 그곳에서는 진리도, 진실도, 사실도 언제나 위태롭게 서 있다. 그것들은 매 순간 존재를 시험받는다. 이제 선택은 당신에게 달려 있다. 당신은 어떤 문을 열고 나가겠는가?

And all that is now

And all that is gone

And all that's to come

And everything under the sun is in tune

But the sun is eclipsed by the moon

There is no dark side in the moon, really

Matter of fact, it's all dark

지금 있는 모든 것

가버린 모든 것

다가올 모든 것

태양 아래 모든 것은 조화롭지만,

태양은 달에 가려지네.

사실, 달의 어두운 면은 없어.

달은 전부 어둡거든.

—핑크 플로이드, 〈일식Eclipse〉

Ⅰ. 첫 번째 미로: Trap-Neuter-Return(TNR)

1 국립국어원(https://stdict.korean.go.kr/notice/noticeView.do?board_no=4317#content_w).

2 〈카라, '캣맘 살해 협박' 경찰 고발〉,《SBS뉴스》, 2022.1.31.

3 〈고양이 산 채로 불태운 영상 속 인물 찾습니다〉,《경향신문》, 2022.2.11.

4 〈길고양이 밥에 부동액 뿌린 20대… 혐오 대화방 운영〉,《KBS》, 2022.5.24.

5 〈길고양이 '아지트' 된 아파트 주차장…"차량 보호" vs "캣맘 지지" 논란〉, 《한국아파트신문》, 2022.5.27.

6 〈고양이 78마리 죽인 20대 항소심도 실형〉,《경남매일》, 2024.7.28.

7 현행 〈동물보호법〉은 동물 학대를 분명하게 금지하고 있다. 〈동물보호법〉 제10조에 따르면 "누구든지 동물을 죽이거나 죽음에 이르게 하는" 행위를 해서는 안 된다. 또한 제39조에 따라, "제10조에서 금지한 학대를 받는 동물"을 발견한 누구든지 "관할 지방자치단체 또는 동물보호센터에 신고할 수 있다". 이를 위반한 자는 제97조에 따라 "3년 이하의 징역 또는 3천만 원 이하의 벌금"에 처하도록 되어 있다(국가법령정보센터, "동물보호법").

8 〈잔혹한 캣맘, 항의하던 여성 기절시키고 살해하려…중형 선고〉,《아이뉴스24》, 2024.7.13.

9 〈다리 절단된 고양이 사체 발견..경찰 수사〉,《전주MBC》, 2024.7.9.

10 〈견주 vs 캣대디…'길고양이 돌봄' 구청에 민원 충돌〉,《영남일보》, 2024.7.3.

11 〈"밥 줘야 철새가 산다?" 길고양이 급식소 두고 '팽팽'〉,《부산MBC》, 2024.6.28.

12 Adolphe O. Debrot, Martin N. M. Ruijter, Wempy Endarwin, Pim

van Hooft, Kai Wulf and Adrian J. Delnevo, "A Renewed Call for Conservation Leadership 10 Years Further in the Feral Cat Trap-Neuter-Return Debate and New Opportunities for Constructive Dialogue", *Conservation Science and Practice* 4(4), 2002, pp.1-2. e12641, https://doi.org/10.1111/csp2.12641.

13 이용한·한국고양이보호협회,《공존을 위한 길고양이 안내서》, 북폴리오, 2018, 80~81쪽.

14 동물자유연대, 〈길고양이 TNR이란?〉, https://www.animals.or.kr/campaign/cat/1102(2024년 9월 10일 접속).

15 〈인천 도심에 너구리 출몰⋯광견병 예방약 살포〉,《연합뉴스》, 2024.10.22.

16 '경계동물'에 관해서는 다음을 참고하라. Sue Donaldson and Wil Kimnika, *Zoopolis: A Political Theory of Animal Rights*, Oxford University Press, 2011(한국어판:《주폴리스: 동물 권리를 위한 정치 이론》, 박창희 옮김, 최명애 감수, 프레스탁, 2024); 최훈, 〈도둑고양이인가, 길고양이인가?-도시의 경계동물의 윤리〉,《도시인문학연구》12(2), 2020, 31~58쪽.

17 우리와 함께 살고 있는 다양한 경계동물에 관해서는 다음의 책을 참고하라. 최태규 지음, 이지양 사진,《도시의 동물들: 동물과 함께 살기 위해 시작해야 할 이야기들》, 사계절, 2025.

II. 두 번째 미로: TNR은 얼마나 과학적인가?

1 〈[멸종열전] '티블스'라는 반려묘 발톱에 영원히 사라진 '라이얼굴뚝새'〉,《경향신문》, 2024.7.5.

2 〈[길냥이 중성화 논란] ① 외국은 임신묘도 수술, 태어나면 더 고통〉,《뉴스1》, 2024.6.29; 〈[길냥이 중성화 논란] ② 세금 지원 중단하면 갈등 줄어들까〉,《뉴스1》, 2024.6.29.

3 〈매년 혈세들인 길고양이 중성화 수술⋯실효성은?〉,《무등일보》, 2023.5.4.

4 〈길고양이 중성화 'TNR사업', 효과 있으려면?〉,《시사위크》, 2023.6.30.

5 Michael C. Calver and Patricia A. Fleming, "Evidence for Citation Networks in Studies of Free-roaming Cats: A Case Study Using Literature on Trap–Neuter–Return (TNR)", *Animals* 10(6), 2020, p. 993. https://doi.org/10.3390/ani10060993.

6 도서관 소개글에 따르면, Web of Science는 "자연과학SCIE, 사회과학SSCI, 인문·예술분야A&HCI의 세계 최대 규모의 인용 색인 데이터베이스로 전 세계 상위 15% 이내 1만 3900여 종의 저널에 대한 서지 정보 및 인용 관련 데이터를 수록"하고 있다.

7 Michael C. Calver and Patricia A. Fleming, "Evidence for Citation

Networks in Studies of Free-roaming Cats: A Case Study Using
Literature on Trap–Neuter–Return (TNR)", op.cit., p. 17.

8   다음과 같은 연구들을 제외했다. 고양이를 대상으로 하지 않는 TNR 연구,
    바이러스 조사 등에 한정된 수의학적 연구, 인식 조사 및 정책 설계 등 사회과학
    연구 등.

9   Daniela Ramírez Riveros and César González-Lagos, "Community
    Engagement and the Effectiveness of Free-Roaming Cat Control
    Techniques: A Systematic Review", *Animals* 14(3), 2024, p. 492. https://
    doi.org/10.3390/ani14030492.

10 Octavio P. Luzardo, José Enrique Zaldívar-Laguía, Manuel Zumbado
    and María del Mar Travieso-Aja, "The Role of Veterinarians in Managing
    Community Cats: A Contextualized, Comprehensive Approach for
    Biodiversity, Public Health, and Animal Welfare", *Animals* 13(10), 2023, p.
    1586. https://doi.org/10.3390/ani13101586.

11 Adolphe O. Debrot, Martin N. M. Ruijter, Wempy Endarwin, Pim
    van Hooft, Kai Wulf, and Adrian J. Delnevo, "A Renewed Call for
    Conservation Leadership 10 Years Further in the Feral Cat Trap-Neuter-
    Return Debate and New Opportunities for Constructive Dialogue",
    op.cit., p. 3.

12 Christopher A. Lepczyk, Travis Longcore and Catherine Rich,
    "Misunderstanding the Free-Ranging Cat Issue: Response to Debrot et
    al. 2022", *Conservation Science and Practice* 4(11)", 2022. https://doi.
    org/10.1111/csp2.12817.

13 Ibid., p. 1.

14 Heather M. Crawford, Michael C. Calver and Patricia A. Fleming, "A Case
    of Letting the Cat out of The Bag – Why Trap-Neuter-Return Is Not an
    Ethical Solution for Stray Cat (Felis catus) Management", *Animals* 9(4),
    2019, p. 171. https://doi.org/10.3390/ani9040171.

15 Peter J. Wolf, Jacquie Rand, Helen Swarbrick, Daniel D. Spehar and Jade
    Norris, "Reply to Crawford et al. Why Trap-Neuter-Return (TNR) Is an
    Ethical Solution for Stray Cat Management", *Animals* 9(9), 2019, p. 689.
    https://doi.org/10.3390/ani9090689.

16 Michael C. Calver, Heather M. Crawford and Patricia A. Fleming,
    "Response to Wolf et al. Furthering Debate over the Suitability of Trap-
    Neuter-Return for Stray Cat Management", *Animals* 10(2), 2020, p. 362.
    https://doi.org/10.3390/ani10020362.

17 John L. Read, Chris R. Dickman, Wayne S. J. Boardman and Christopher
    A. Lepczyk, "Reply to Wolf et al. Why Trap-Neuter-Return (TNR) Is Not

an Ethical Solution for Stray Cat Management", *Animals* 10(9), 2020, p. 1525. https://doi.org/10.3390/ani10091525.

18 "인용 데이터를 기반으로 저널에 대한 영향력 지수와 관련된 정보를 제공하는 저널 평가 데이터베이스" JCRJournal Citation Reports에 따르면《애니멀스》의 영향력 지수는 수의학 학술지 기준 16/167(2023), 14/141(2019)이며, 인용 지수는 13/168(2023), 16/167(2019)로 상위 10%에 속하는 영향력 있는 학술지다.

19 Heather M. Crawford, Michael C. Calver and Patricia A. Fleming, "A Case of Letting the Cat out of The Bag – Why Trap-Neuter-Return Is Not an Ethical Solution for Stray Cat (Felis catus) Management", op.cit., p. 3.

20 Ibid., pp. 3~4.

21 Ibid., p.4.

22 Ibid., p. 8.

23 Peter J. Wolf, Jacquie Rand, Helen Swarbrick, Daniel D. Spehar and Jade Norris, "Reply to Crawford et al. Why Trap-Neuter-Return (TNR) Is an Ethical Solution for Stray Cat Management", op.cit., p. 2.

24 Ibid., p. 2

25 Ibid., p. 3.

26 Ibid., p. 3.

27 Ibid., p. 4.

28 Michael C. Calver, Heather M. Crawford and Patricia A. Fleming, "Response to Wolf et al. Furthering Debate over the Suitability of Trap-Neuter-Return for Stray Cat Management", op.cit., p. 4.

29 Ibid., p. 4.

30 Ibid., p. 7.

31 Ibid., p. 8.

32 Ibid., p. 12.

33 John L. Read, Chris R. Dickman, Wayne S. J. Boardman and Christopher A. Lepczyk, "Reply to Wolf et al. Why Trap-Neuter-Return (TNR) Is Not an Ethical Solution for Stray Cat Management", op.cit., p. 3.

34 크로퍼드와 두 연구자가 쓴 첫 번째 논문은 무려 260편의 문헌을 참조하고 있다. 울프와 그 동료들이 쓴 비판 논문은 58편, 칼버와 두 연구자가 쓴 디펜스 논문은 110편의 문헌을 참조하고 있으며, 리드와 그 동료들은 49편의 논문을 참조한다.

35 관련 자료는 서울시 정보공개 요청을 통해 확인할 수 있다. 정확히는 2013년 〈동물보호정책 개발 및 동물보호센터 계획을 위한 연구 용역〉부터 서식현황을 조사하고 있다.

36 예로부터 전해 내려온 동명으로 개인의 권리·의무 및 법률 행위 시 주소로 사용되는 동 명칭.

37 주민의 편의와 행정능률을 위하여 적정한 규모와 인구를 기준으로 동주민센터를
설치 운영하는 동 명칭.

38 서울특별시, 〈2021년 길고양이 서식현황 모니터링 및 적정관리방안 조사
결과보고서〉, 2021, 18쪽.

39 서울특별시, 〈2023년 길고양이 서식현황 모니터링 조사 결과보고서〉, 2023, 69
쪽.

40 전=전용주거지역, 준주=준주거지역, 준공=준공업지역, 녹=녹지지역. 이태원2동
중 2곳, 성수1가2동 중 2곳이 신규 선정되었다. 구분을 위해 괄호 안에 용도지역을
표기했다.

41 용도지역은 도시지역, 관리지역, 농림지역, 자연환경보전지역으로 구분된다. 이 중
도시지역은 다시 주거지역, 상업지역, 공업지역, 녹지지역으로 분류된다. 그중에서
주거지역은 다시 전용주거지역, 일반주거지역, 준주거지역으로 구분되며,
상업지역은 중심상업지역, 일반상업지역, 근린상업지역, 유통상업지역으로,
공업지역은 전용공업지역, 일반공업지역, 준공업지역으로 구분되는데,
서울시는 준공업지역만 지정되어 있다. 마지막으로 녹지지역은 보전녹지지역,
생산녹지지역, 자연녹지지역으로 구분된다.

42 서울특별시, 〈길고양이 서식현황 모니터링 추진〉, 2017, 8쪽.

43 같은 문서, 39쪽.

44 최소 발견치와 최대 발견치의 평균으로 계산.

45 서울특별시, 〈길고양이 서식현황 모니터링 추진〉, 2019, 53쪽.

46 Donna Haraway, *When Species Meet*.

47 Anna Lowenhaupt Tsing, *The Mushroom at the End of the World: On
the Possibility of Life in Capitalist Ruins*, Princeton University Press,
2015(한국어판:《세계 끝의 버섯: 자본주의의 폐허에서 삶의 가능성에 대하여》,
노고운 옮김, 현실문화, 2023).

III. 세 번째 미로: TNR 연결망

1 다음 문헌을 참고하라. 山根明弘,《ねこの秘密》, 文藝春秋社, 2014(한국어판:
《고양이 생태의 비밀》, 홍주영 옮김, 끌레마, 2019); 김경, 〈설(說)에서의 '고양이
(猫)' 작품양상과 주제구현 방식〉,《민족문화연구》76, 2017, 181~207쪽; 송영한,
〈고양이의 가축화〉,《과학잡지 에피 제28호 '고양이'》, 2024, 54~63쪽.

2 그러나 우리가 과연 승리했는가조차 다시금 의문에 부쳐지고 있다. 〈'최대 390%'
늘었다는 쥐…서울도 안전하지 않다〉,《SBS뉴스》, 2025.2.15.

3 벽과 고양이를 물리적으로 결합시키는 잔혹한 경우 또한 실제로 존재했다고 한다.
예를 들어, 고양이와 관련된 몇 가지 의식 중엔 고양이를 "외벽 구멍이나 마룻장
아래에" 묻는 의식이 있었다고 한다. 다음의 책을 참고하라. John Bradshaw,

Cat Sense: How the New Feline Science Can Make You a Better Friend to Your Pet, Basic Books, 2013, p. 53(한국어판:《캣센스: 고양이는 세상을 어떻게 바라보는가》, 한유선 옮김, 글항아리, 2015, 106~107쪽).

4   이 이야기는 물론 내 이야기이지만, 오직 나만의 이야기는 아닐 것이다. 다음을 참고하라. 단단,《사람의 일, 고양이의 일: 방배동 고양이를 따라가다》, 마티, 2022; 캣퍼슨 편집부,《매거진 탁! 제1호 '집과 고양이'》, 2021.

5   나는 이 같은 논의를 동물의 '주관적 선' 또는 '상호의존적 행위성'이라는 훨씬 더 일반적인 논의로 확장할 수 있다는 사실을 아주 뒤늦게 깨달았다.《주폴리스: 동물 권리를 위한 정치 이론》5장('사육동물의 시민권')을 참고하라.

6   이종찬,〈행위자-연결망 이론을 통해 본 길고양이 중성화사업(TNR)과 공존의 정치〉, 서울대학교 환경대학원 석사학위논문, 2016, 80쪽.

IV. 네 번째 미로: TNR 현장

1   김영천 지음,《질적연구방법론 I : Brcoleur》, 아카데미프레스, 2016, 235쪽.

2   포획 방식과 포획틀 형태는 다음 영상과 거의 동일하다. https://www.youtube.com/watch?v=Ha54LQL0bS4.

3   앵커시설은 "대규모 공공예산을 투입하는 도시재생사업에서 사업의 지속가능성과 효과를 높이기 위한 수단으로 지역에 따라 거점공간, 공동이용시설, 앵커시설 등 다양한 명칭으로 불리고 있다. 또한 공동 이용 시설로서 주민이 공동으로 사용하는 놀이터, 마을회관, 공동 작업장 등 마을의 환경개선을 위해 필요한 시설이며, 주민이 모일 수 있는 주민 공유 공간이기도" 하다. 박진호·강현철.〈도시재생 앵커시설의 지속성에 대한 탐색적 연구〉,《한국생태환경건축학회 학술발표대회 논문집》, 2022, 114쪽.

4   고양이의 주거와 생존 전략에 관해서는 다음의 흥미로운 책을 참고하라. Atelier HOKO, *Habit©at*, Math Paper Press, 2014(한국어판:《고양이는 어디에 살고 있을까: 싱가포르 길고양이 동네 관찰 보고서》, 심예진 옮김, 2025).

5   신뢰의 중요성은〈길고양이 서식현황 모니터링〉에서도 언급된다. 예를 들어, 2019년 보고서에는 "극히 일부라도 [신뢰를 해치는] 위와 같은 사례가 발생되면 길고양이의 중성화를 신청하는 시민에게는 큰 충격이 될 수밖에 없"다고 언급하고 있다.

6   〈수유묘를 중성화한다고? 길고양이단체 연합, 농식품부 TNR 실시요령 전면 철회 요구-66개 단체 모여 공동행동… 김민석·강득구 의원과 긴급 간담회〉,《데일리벳》, 2021.8.18.

7   〈수술 전문가는 우린데… 캣맘 갑질에 수의사들 '부글부글'〉,《뉴스1》, 2022.2.9.

8   〈'길 떠도는 고양이' 불임수술 확대〉,《동아일보》, 2007.10.23.

9   오마이뉴스,〈그림책으로 탄생한 '한강맨션 고양이 억류 사건〉,《오마이뉴스》,

2017.12.9.; 이용한 글·이미정 그림, 《고양이 별》, 책읽는곰, 2017.

10 이종찬, 〈행위자-연결망 이론을 통해 본 길고양이 중성화사업(TNR)과 공존의 정치〉, 앞의 책.

11 〈길고양이 6000마리 불임시술 받는다〉, 《머니투데이》, 2008.2.27.

12 https://www.animals.or.kr/report/press/1424(2025.2.7. 접속).

13 이 조항은 지금도 남아 있다. 이와 관련된 논쟁을 앞서 살펴본 바 있다.

Ⅴ. 출구: 길고양이는 새로운 정치학을 이야기하는가?

1 이와 관련해서는 다음과 같은 책들을 참고하라. 신광복·천현득, 《과학이란 무엇인가》, 생각의힘, 2015; 장하석, 《장하석의 과학, 철학을 만나다》, 지식플러스, 2025; Rudolf Carnap, *An Introduction to the Philosophy of Science*, Dover Publications, 1995(한국어판: 《과학철학 입문》, 윤용택 옮김, 서광사, 1993); Alan Chalmers, *What Is This Thing Called Science?* 2nd, University of Queensland Press, 1982(한국어판: 《현대의 과학철학》, 신인철 옮김, 서광사, 1985).

2 Bruno Latour, *Science in Action: How to Follow Scientists and Engineers through Society*, Harvard University Press, 1987(한국어판: 《젊은 과학의 전선: 테크노사이언스와 행위자-연결망의 구축》. 황희숙 옮김. 아카넷).

3 놀랍게도, 이 새로운 시도가 얼마 전에 우리나라에서도 이뤄졌다! <사물의 의회> 홈페이지에서 안내서, 강연자료, 요구안 등을 볼 수 있다. https://samulparliament.com/, 2025년 12월 3일 접속.

4 Stephen Jay Gould, *Full House: The Spread of Excellence from Plato to Darwin*, Harmony Books, 1996(한국어판: 《풀하우스: 진화는 진보가 아니라 다양성의 증거다》, 이명희 옮김, 사이언스북스, 2002).

5 〈'새덕후'가 쏘아올린 길고양이 논란, 온라인 대격돌〉, 《한겨레》, 2023.2.10.

김경, 〈설(說)에서의 '고양이(猫)' 작품양상과 주제구현 방식〉, 《민족문화연구》 76, 2017.
김영천 지음, 《질적연구방법론 I : Brcoleur》, 아카데미프레스, 2016.
권무순, 〈Here, There, and Everywhere: 길고양이는 우리에게 새로운 사회학을 이야기하는가?〉, 《매거진 탁!: 연구와 고양이》, 프레스탁, 2023, 125~141쪽.
박진호·강현철, 〈도시재생 앵커시설의 지속성에 대한 탐색적 연구〉, 《한국생태환경건축학회 학술발표대회 논문집》, 2022.
서울특별시, 〈길고양이 서식현황 모니터링 추진〉, 2015.
서울특별시, 〈길고양이 서식현황 모니터링 추진〉, 2017.
서울특별시, 〈길고양이 서식현황 모니터링 추진〉, 2019.
서울특별시, 〈2021년 길고양이 서식현황 모니터링 및 적정관리방안 조사 결과보고서〉, 2021.
서울특별시, 〈2023년 길고양이 서식현황 모니터링 조사 결과보고서〉, 2023.
송영한, 〈고양이의 가축화〉, 《과학잡지 에피 제28호 '고양이'》, 2024.
신광복·천현득, 《과학이란 무엇인가》, 생각의힘, 2015.
이용한·한국고양이보호협회 지음, 《공존을 위한 길고양이 안내서》, 북폴리오, 2018.
이종찬, 〈행위자-연결망 이론을 통해 본 길고양이 중성화사업(TNR)과 공존의 정치〉, 서울대학교 환경대학원 석사학위 논문, 2016.
장하석, 《장하석의 과학, 철학을 만나다》, 지식플러스, 2025
최태규 지음, 이지양 사진, 《도시의 동물들: 동물과 함께 살기 위해 시작해야 할

     길냥이로 사회학 하기

이야기들》, 사계절, 2025.

최훈, 〈도둑고양이인가, 길고양이인가? - 도시의 경계동물의 윤리〉,《도시인문학연구》
12(2), 2020, 31~58쪽.

캣퍼슨 편집부,《매거진 탁! 제1호 '집과 고양이'》, 프레스탁, 2021.

캣퍼슨 편집부,《매거진 탁! 제4호 '연구와 고양이'》, 프레스탁, 2023.

Alan Chalmers, *What Is This Thing Called Science?* 2nd, Brisbane: University
of Queensland Press, 1982(한국어판:《현대의 과학철학》, 신인철 옮김, 서광사,
1985).

Anna Lowenhaupt Tsing, *The Mushroom at the End of the World: On the
Possibility of Life in Capitalist Ruins*, Princeton, NJ: Princeton University
Press, 2015(한국어판:《세계 끝의 버섯: 자본주의의 폐허에서 삶의 가능성에
대하여》, 노고운 옮김, 현실문화, 2023).

Adolphe O. Debrot, Martin N. M. Ruijter, Wempy Endarwin, Pim van Hooft, Kai
Wulf, and Adrian J. Delnevo, "A Renewed Call for Conservation Leadership
10 Years Further in the Feral Cat Trap-Neuter-Return Debate and New
Opportunities for Constructive Dialogue", *Conservation Science and
Practice* 4(4), 2002, e12641, https://doi.org/10.1111/csp2.12641.

Atelier HOKO, *Habit©at*, Singapore: Math Paper Press, 2014(한국어판:《고양이는
어디에 살고 있을까: 싱가포르 길고양이 동네 관찰 보고서》, 심예진 옮김, 프레스탁,
2025).

Bruno Latour, *Science in Action: How to Follow Scientists and Engineers
through Society*, Harvard University Press, 1987(한국어판:《젊은 과학의 전선:
테크노사이언스와 행위자-연결망의 구축》. 황희숙 옮김. 아카넷).

Christopher A. Lepczyk, Travis Longcore and Catherine Rich,
"Misunderstanding the Free-Ranging Cat Issue: Response to Debrot et
al. 2022", *Conservation Science and Practice* 4(11), 2022, p. 1. https://doi.
org/10.1111/csp2.12817.

Daniela Ramírez Riveros and César González-Lagos, "Community
Engagement and the Effectiveness of Free-Roaming Cat Control
Techniques: A Systematic Review", *Animals* 14(3), 2024, p. 492, https://doi.
org/10.3390/ani14030492.

Donna Haraway, *When Species Meet, Minneapolis*, MN: University of
Minnesota Press, 2007(한국어판:《종과 종이 만날 때》, 정유미 옮김, 갈무리,
2022).

Elizabeth Kolbert, *Under a White Sky*, New York: Crown Publishing
Group(한국어판:《화이트 스카이》, 김보영 옮김, 쌤앤파커스, 2021).

Heather M. Crawford, Michael C. Calver and Patricia A. Fleming, "A Case of Letting the Cat out of The Bag – Why Trap-Neuter-Return Is Not an Ethical Solution for Stray Cat (Felis catus) Management", *Animals* 9(4), 2019, p. 171. https://doi.org/10.3390/ani9040171.

John Bradshaw, *Cat Sense: How the New Feline Science Can Make You a Better Friend to Your Pet*, New York: Basic Books, 2013(한국어판:《캣센스: 고양이는 세상을 어떻게 바라보는가》, 한유선 옮김, 글항아리, 2015).

John L. Read, Chris R. Dickman, Wayne S. J. Boardman and Christopher A. Lepczyk, "Reply to Wolf et al. Why Trap-Neuter-Return (TNR) Is Not an Ethical Solution for Stray Cat Management", *Animals* 10(9), 2020, p. 1525. https://doi.org/10.3390/ani10091525.

Michael C. Calver and Patricia A. Fleming, "Evidence for Citation Networks in Studies of Free-roaming Cats: A Case Study Using Literature on Trap–Neuter–Return (TNR)", *Animals* 10(6), 2020, p. 993, https://doi.org/10.3390/ani10060993.

Michael C. Calver, Heather M. Crawford and Patricia A. Fleming, "Response to Wolf et al. Furthering Debate over the Suitability of Trap-Neuter-Return for Stray Cat Management", *Animals* 10(2), 2020, p. 362. https://doi.org/10.3390/ani10020362.

Octavio P. Luzardo, José Enrique Zaldívar-Laguía, "Manuel Zumbado and María del Mar Travieso-Aja, The Role of Veterinarians in Managing Community Cats: A Contextualized, Comprehensive Approach for Biodiversity, Public Health, and Animal Welfare", *Animals* 13(10), 2023, p. 1586, https://doi.org/10.3390/ani13101586.

Peter J. Wolf, Jacquie Rand, Helen Swarbrick, Daniel D. Spehar and Jade Norris, "Reply to Crawford et al. Why Trap-Neuter-Return (TNR) Is an Ethical Solution for Stray Cat Management", *Animals* 9(9), p. 689. https://doi.org/10.3390/ani9090689.

Rudolf Carnap, *An Introduction to the Philosophy of Science*, New York: Dover Publications, 1995(한국어판:《과학철학입문》, 윤용택 옮김, 서광사, 1993).

Silvio O. Funtowicz and Jerome R. Ravetz, "Science for the post-normal age", *Futures* 25(7), 1993, pp.739-755.

Stephen Jay Gould, *Full House: The Spread of Excellence from Plato to Darwin*, New York: Harmony Books, 1996(한국어판:《풀하우스》, 이명희 옮김, 사이언스북스, 2002).

Sue Donaldson & Wil Kimnika, *Zoopolis: A Political Theory of Animal Rights*, Oxford: Oxford University Press, 2011(한국어판:《주폴리스: 동물 권리를 위한 정치 이론》, 박창희 옮김, 최명애 감수, 프레스탁, 2024).

 길냥이로 사회학 하기

Thomas Kuhn, *The Structure of Scientific Revolutions*, Chicago: University of Chicago Press, 1962(한국어판:《과학혁명의 구조》, 김명자·홍성욱 옮김, 까치, 2013).

山根明弘,《ねこの秘密》, 東京: 文藝春秋社, 2014(한국어판:《고양이 생태의 비밀》, 홍주영 옮김, 끌레마, 2019).

언론 보도

〈고양이 산 채로 불태운 영상 속 인물 찾습니다〉,《경향신문》, 2022.2.11.

〈고양이 78마리 죽인 20대 항소심도 실형〉,《경남매일》, 2024.7.28.

〈견주 vs 캣대디…'길고양이 돌봄' 구청에 민원 충돌〉,《영남일보》, 2024.7.3.

〈길고양이 '아지트' 된 아파트 주차장…"차량 보호" vs "캣맘 지지" 논란〉, 《한국아파트신문》, 2022.5.27.

〈길고양이 6000마리 불임시술 받는다〉,《머니투데이》, 2008.2.27.

〈길고양이 중성화 'TNR사업', 효과 있으려면?〉,《시사위크》, 2023.6.30.

〈[길냥이 중성화 논란]①외국은 임신묘도 수술, 태어나면 더 고통〉,《뉴스1》, 2024.6.29.

〈[길냥이 중성화 논란]②세금 지원 중단하면 갈등 줄어들까〉,《뉴스1》, 2024.6.29.

〈길 고양이 밥에 부동액 뿌린 20대… 혐오 대화방 운영〉,《KBS》, 2022.5.24.

〈'길 떠도는 고양이' 불임수술 확대〉,《동아일보》, 2007.10.23.

〈누군가 버린 고양이가 부른 멸종 비극…'새들의 천국'이 위험하다〉,《한겨레》, 2024.5.16.

〈다리절단된 고양이 사체 발견..경찰 수사〉,《전주MBC》, 2024.7.9.

〈매년 혈세들인 길고양이 중성화 수술···실효성은?〉,《무등일보》, 2023.5.4.

〈[멸종열전] '티블스'라는 반려묘 발톱에 영원히 사라진 '라이얼굴뚝새'〉,《경향신문》, 2024.7.5.

〈"밥 줘야 철새가 산다?" 길고양이 급식소 두고 '팽팽'〉,《부산MBC》, 2024.6.28.

〈'새덕후'가 쏘아올린 길고양이 논란, 온라인 대격돌〉,《한겨레》, 2023.2.10.

〈수술 전문가는 우린데… 캣맘 갑질에 수의사들 '부글부글'〉,《뉴스1》, 2022.2.9.

〈수유묘를 중성화 한다고? 길고양이단체 연합, 농식품부 TNR 실시요령 전면 철회 요구 – 66개 단체 모여 공동행동… 김민석·강득구 의원과 긴급 간담회〉,《데일리벳》, 2021.8.18.

〈인천 도심에 너구리 출몰…광견병 예방약 살포〉,《연합뉴스》, 2024.10.22.

〈잔혹한 캣맘, 항의하던 여성 기절시키고 살해하려…중형 선고〉,《아이뉴스24》, 2024.7.13.

〈'최대 390%' 늘었다는 쥐…서울도 안전하지 않다〉,《SBS뉴스》, 2025.2.15.

〈카라, '캣맘 살해 협박' 경찰 고발〉,《SBS뉴스》, 2022.1.31.

길냥이로 사회학하기

초판 1쇄 펴낸날 2026년 1월 19일
지은이 권무순
펴낸이 박재영
편집 임세현·이다연
디자인 조하늘
제작 제이오
펴낸곳 도서출판 오월의봄
주소 경기도 파주시 회동길 513 203호
등록 제406-2010-000111호
전화 070-7704-5240
팩스 0505-300-0518
이메일 maybook05@naver.com
X(트위터) @oohbom
블로그 blog.naver.com/maybook05
페이스북 facebook.com/maybook05
인스타그램 instagram.com/maybooks_05

ISBN 979-11-6873-169-1 93400

이 책은 저작권법에 따라 보호받는 저작물이므로 무단전재와 복제를 금합니다.
이 책 내용의 전부 또는 일부를 이용하려면 반드시 저작권자와 도서출판 오월의봄에 서면 동의를 받아야 합니다.

책값은 뒤표지에 있습니다. 잘못된 책은 바꾸어 드립니다.

만든 사람들
책임편집 박재영
디자인 조하늘